Ihre digitalen Extras zum Download:

Die folgenden digitalen Extras stehen für Sie zum Download bereit:

- Story-Check
- Osborn-Liste
- 6-3-5-Methode
- Checklisten
- kommentiertes Literaturverzeichnis

Den Link sowie Ihren Zugangscode finden Sie am Buchende.

Crashkurs Storytelling

Werner T. Fuchs

Crashkurs Storytelling

Grundlagen und Umsetzung

3. Auflage

Haufe Group
Freiburg · München · Stuttgart

Bibliografische Information der Deutschen Nationalbibliothek

Die Deutsche Nationalbibliothek verzeichnet diese Publikation in der Deutschen Nationalbibliografie; detaillierte bibliografische Daten sind im Internet über http://dnb.dnb.de/ abrufbar.

Print:	ISBN 978-3-648-15020-7	Bestell-Nr. 10418-0003
ePub:	ISBN 978-3-648-15021-4	Bestell-Nr. 10418-0102
ePDF:	ISBN 978-3-648-15022-1	Bestell-Nr. 10418-0152

Werner T. Fuchs
Crashkurs Storytelling
3. Auflage, April 2021

www.haufe.de
info@haufe.de

Bildnachweis (Cover): © Bloomicon, Shutterstock
Bildbearbeitung: RED GmbH
Illustrationen: Emil Gut, typothek, Zürich

Produktmanagement: Judith Banse
Lektorat: Peter Böke

Inhaltsverzeichnis

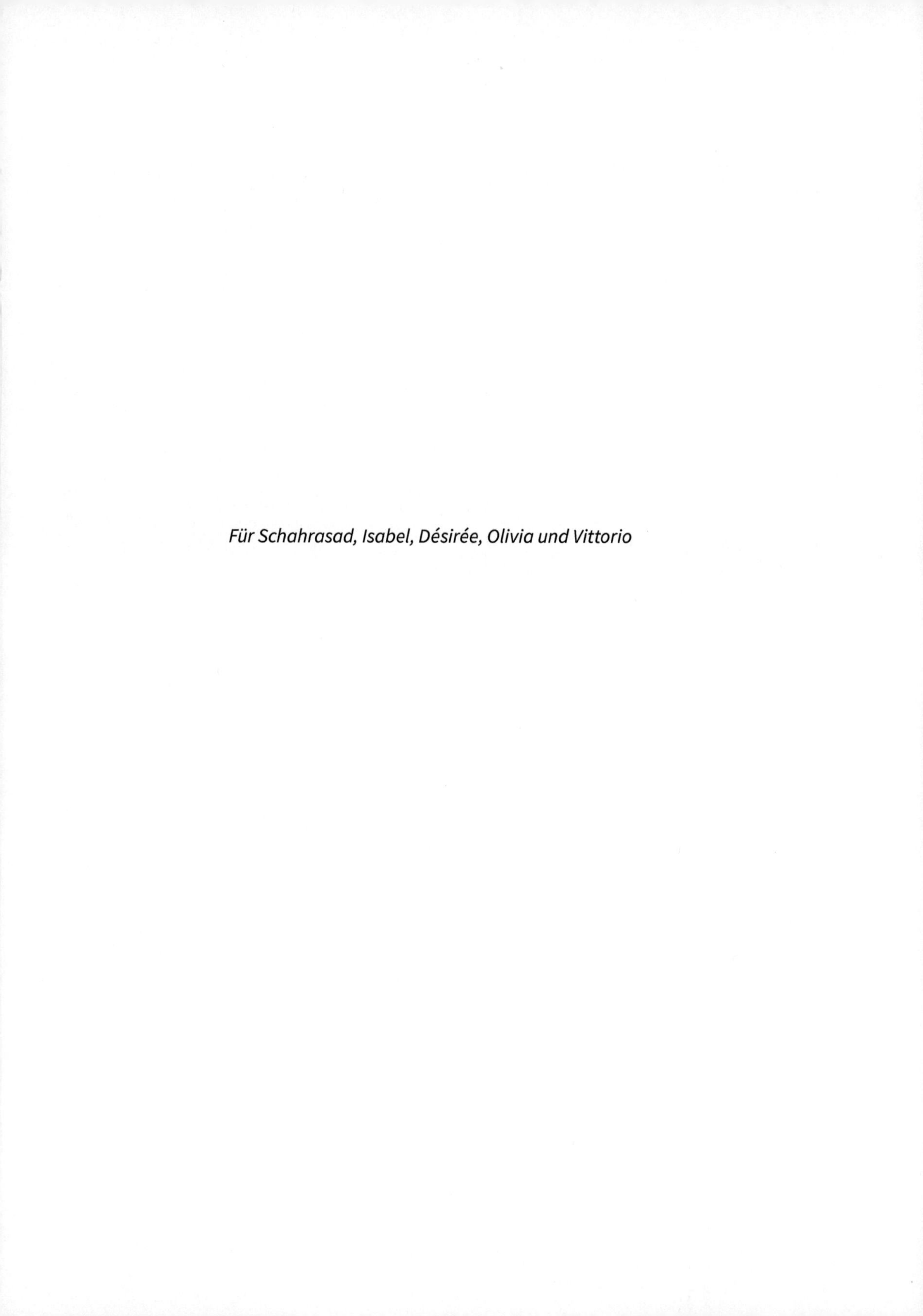

Für Schahrasad, Isabel, Désirée, Olivia und Vittorio

Vorspann

Von einem Weihnachtsmann, der mit seinem Rentier-Schlitten durch die Lüfte saust, hätte ich mehr erwartet. Da schreibe ich »Fliegender Teppich« auf den Wunschzettel und erhalte einen Truck. Ob dies an Lieferschwierigkeiten oder Santa Claus' schlechtem Deutsch lag, konnte mir niemand sagen. Also schrieb ich es der Zerstreutheit von Herrn Coca-Cola zu und war mit meinem Geschenk zufrieden. Meine Kindheitsjahre in Amerika prägten mich und holten mich später wieder ein, als ich das Reich der Geschichte zu erkunden begann.

Denn dass die Coca-Cola Company einen freundlichen alten Mann aus dem 19. Jahrhundert mit weißem Rauschebart und einem mit weißem Pelz verzierten Gewand als ihre Symbolfigur benutzt, gehört sicher zu den ganz guten Geschichten. Und die Sammlung morgenländischer Erzählungen »Tausendundeine Nacht« ist der Beweis schlechthin, dass wir Menschen nur überleben können, wenn wir Geschichten erfinden, die andere hören wollen.

In »Tausendundeine Nacht« erzählt Schahrasad ihrem königlichen Gatten nicht einfach jeden Abend eine Geschichte, um ihn als archaischen TV-Ersatz zu unterhalten. Nein, die schöne Tochter des Wesirs kämpft mit ihren nächtlichen Erzählungen um ihr Leben. Denn weil König Schahriyar von seiner ersten Frau betrogen wurde, gab er seinem Wesir die Anweisung, ihm jede Nacht eine neue Jungfrau zu bringen, die am nächsten Tag umgebracht wird. Um diesem grausamen Morden ein Ende zu bereiten, überredete Schahrasad ihren Vater, sie dem König ebenfalls anzubieten. Sie war nämlich davon überzeugt, ihre Variante der Geschichte vom Esel, Stier, Kaufmann und seiner Frau könne funktionieren. Und so war es. Schahrasad sagte zu ihrer jüngeren Schwester Dinarasad: »›Liebe Schwester, […] merke dir gut, was ich dir jetzt auftrage. Sobald ich beim Sultan bin, werde ich nach dir schicken. Wenn du dazukommst und siehst, daß der König seine Lust befriedigt hat, dann sage zu mir: ›Ach, Schwester, wenn du nicht schläfst, so erzähle mir eine Geschichte!‹ Ich werde euch dann etwas erzählen, und das wird der Grund für meine Rettung und für die Rettung dieses ganzen Volkes werden. So werde ich den König von seinem grausamen Verhalten abbringen!‹ – ›Einverstanden‹, antwortete Dinarasad. Dann kam die Nacht. Der Wesir nahm sie und führte sie zu dem großen König Schahiryar. Der zog sie auf sein Lager und wollte mit ihr spielen, aber sie brach in Tränen aus, ›Warum weinst du?‹, erkundigte er sich. ›Ich habe eine Schwester‹, schluchzte sie, ›der möchte ich diese Nacht noch Lebewohl sagen. Sie soll Abschied von mir nehmen, noch ehe der Morgen graut.‹ Da ließ der König nach ihrer Schwester schicken, und Dinarasad kam, legte sich unter das Bett und schlief ein. Als die Nacht schon fortgeschritten war, erwachte Dinarasad, wartete geduldig, bis der König seine Lust an ihrer Schwester gestillt hatte und alle wach lagen. Dann räusperte sich Dinarasad. ›Ach Schwester‹, sagte sie mit einem Seufzer, ›wenn du nicht schläfst, so erzähle uns doch eine deiner schönen Geschichten, damit wir uns unsere Nacht damit vertreiben können und ich dir dann noch vor dem Tagesanbruch Lebewohl sagen kann. Denn ich weiß nicht, was morgen mit dir geschehen wird.‹ – ›Erlaubst du, daß ich erzähle?‹, fragte Schahrasad den König Schahriyar. ›Einverstanden‹, sagte der. Und Schahrasad freute sich und sagte: ›Dann höre zu!‹«

Ich zitiere diese Passage aus der großartigen Neuübersetzung von Claudia Ott, weil die Rahmenerzählung von »Tausendundeiner Nacht« nicht allen bekannt sein dürfte. Einige Geschichten und wie es weiterging hingegen schon. König Schahriyar wollte so viele Fortsetzungen hören, dass er Schahrasad nach tausend und einer Nacht Gnade gewährte. Vielleicht auch, weil ihm die Geschichtenerfinderin drei Kinder schenkte.

Storytelling in der Neurowissenschaft

Dank einem Geschenk konnte Storytelling den exotischen Status ablegen und sich einen festen Platz in der Kommunikationswissenschaft erobern. Denn ohne danach zu fragen, erhielt die Kunst des Geschichtenerzählens den Segen der Neurowissenschaftler. Darauf stieß ich erstmals, als ich mich nach der Geburt meiner behinderten Tochter Olivia im Jahre 1988 für die Funktionsweise des menschlichen Gehirns zu interessieren begann. Und dabei entdeckte ich, dass unser neuronales Datenverarbeitungssystem komplexe Informationen in Form von Geschichten wahrnimmt, speichert und abruft. Daher gab ich meinem 2005 erschienenen Buch zum Thema »Marketing und moderne Hirnforschung« den Titel »Tausend und eine Macht«.

Da Hirnforscher am Morgen nicht mit der Frage aufstehen, wie sie Marketingverantwortlichen bei der Arbeit helfen können, ging es in den nächsten Jahren um die praktische Anwendung ihrer wissenschaftlichen Erkenntnisse. Und weil der Ruf einiger Kunden nach einem vermittelbaren System immer lauter wurde, entwickelte ich mit ihnen zusammen den Story-Check. Nachdem dieser Aufnahme in der zweiten Auflage von »Warum das Gehirn Geschichten liebt« fand, wurde er in vielen Projekten auf seine Tauglichkeit überprüft und mit Theorien abgeglichen, die Verfasser von

Ratgebern für Drehbuchschreiber entwarfen. Diese Entwicklungsgeschichte bringt es mit sich, dass Sie vergeblich nach dem vornehmen Hinweis »Erwarten Sie keine Rezepte« suchen werden, mit dem Verfasser von Lehr- und Handbüchern ihre Leser vor Enttäuschungen bewahren möchten.

Rezept für gute Geschichten

Dieser Crashkurs liefert Ihnen mit dem Story-Check sehr wohl ein Rezept für gute Geschichten. Es sei denn, Sie würden sich nie selber in die Töpfe schmeißen und glaubten, Rezepte seien mit genauen Handlungsanweisungen und Mengenangaben identisch. So wie eine Kürbissuppe ohne Kürbis keine Kürbissuppe mehr ist, darf eine Geschichte ohne Held auch nicht als Geschichte bezeichnet werden. Aber es ist Ihnen natürlich freigestellt, die Zutaten anders zu benennen oder zu gewichten. Und falls Sie gute Gründe dafür finden, dürfen Sie sogar etwas weglassen oder erst kurz vor dem Auftischen hinzufügen.

Mit einer Rezeptsammlung hat dieser Crashkurs auch gemeinsam, dass es nicht ganz egal ist, wer am Tisch sitzt. Einem Veganer goldbraun gebratene Entenbrust vorzusetzen, ist ebenso ungeschickt wie eine humorige Trauerrede zu halten. Aber dass zu einem geglückten Resultat auch Ihr Erfahrungsschatz und der gesunde Menschenverstand beitragen, versteht sich ja von selbst.

Übungen, Werkzeuge und Stolpersteine

Um Leser ohne Beziehung zu Kochbüchern nicht zu langweilen, verlasse ich diese Metapher. Zumal sich Konzept und Aufbau dieses Buchs durch das Inhaltsverzeichnis nachvollziehen lassen. Bevor es mit dem Crashkurs losgeht, möchte ich Ihnen lediglich noch verraten, was ich mir bei den Piktogrammen für Übungen, Werkzeugkasten und Stolpersteine gedacht habe, die Sie am Ende vieler Unterkapitel finden.

Übungen

Die Geschichten aus »Tausend und eine Nacht« wurden lange Zeit nicht schriftlich festgehalten, sondern von Generation zu Generation mündlich weitergegeben und damit ständig verbessert. Was Schahrasad schließlich zu Ohren kam und womit sie den König zu fesseln verstand, beruht also letztlich auf Übung.

Die vorgeschlagenen Übungen in diesem Crashkurs sind als Möglichkeiten gedacht, ein Werkzeug besser kennenzulernen und zu beherrschen. Und es wäre ganz im Sinne des Kursleiters, wenn die Teilnehmenden das Übungsmaterial einfach als Anregung für eigene Trainingseinheiten auffassen.

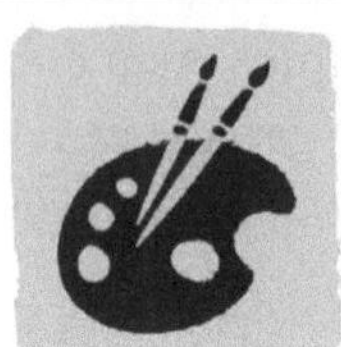

Werkzeugkasten

Geschichten zu erzählen ist Kunst und Handwerk zugleich. Daher wird sich auch Schahrasad aus einem Werkzeugkasten bedient haben, den sie nicht selber gefüllt hat. Und weil uns im digitalen Zeitalter so viele Hilfsmittel zur Verfügung stehen, finden Sie unter diesem Piktogramm lediglich eine geradezu lächerlich kleine Auswahl. Diese soll Sie vor allem dazu motivieren, Ihre Geschichtenwerkstatt mit den Instrumenten auszustatten, die am besten zu Ihrer Lebensbiografie und Ihren persönlichen Stärken passen.

Stolpersteine

Stolpersteine auf dem Weg zum Meister sind unvermeidbar. Und auch Schahrasad wird sie erst in der Rückschau entdeckt haben. Als Hilfsmittel zur Analyse sind auch die unter diesem Piktogramm aufgeführten gedacht. Aber zu wissen, woran sich schon andere Geschichtenerzähler eine blutige Nase geholt haben, kann bei der Konzeption Ihrer eigenen Geschichte ebenfalls nützlich sein. Und falls Sie die Gefahrenhinweise laufend ergänzen, wird die Fehlerquote automatisch kleiner.

Einleitung: Ihr Crashkurs oder Der erste Tango

Wenn Sie bei diesem Titel an Paris, Leidenschaft oder komplizierte Beziehungen denken, sind Sie entweder ein großer Filmliebhaber oder ein Leser der Zielgruppe 50+. Und beides kann bei der Lektüre von Vorteil sein. Denn »Der letzte Tango in Paris« und andere Kinofilme werden in diesem Buch die Rolle von Mustervorlagen übernehmen. Doch zunächst bleiben wir beim ersten Tango, um gleich zu Beginn Klarheit zu schaffen, welche Erwartung dieser Crashkurs erfüllen will und was er nur bedingt leisten kann.

Crashkurse fürs Leben

Meinen ersten Crashkurs absolvierte ich in einem muffigen Kirchgemeindesaal. Ein Austragungsort, der mich beinahe davon abgehalten hätte, einen Anfängerkurs für Tango zu besuchen. Denn obwohl ich mir vorstellen konnte, dass dort auch knüpfende Makramee-Frauen, Konfirmanden in spe und Midlife-Crisis-geschüttelte Altersturner mit Leidenschaft bei der Sache sind, assoziierte ich diese Location mit dem Gegenteil von Erotik. Doch weil die Aussicht, mit der schönen Eva am Zürcher Tanzfestival aufkreuzen zu können, alle dunklen Wolken vertrieb, schrieb ich mich in den frühen 1990er-Jahren zu diesem Crashkurs ein.

Mich damals überwunden zu haben, hatte nur Vorteile. Auch wenn das mit der schönen Eva schließlich doch nichts Dauerhaftes wurde. Aber ich erhielt eine weitere Lektion, dass Vorurteile zwar nützlich sind, im Eigeninteresse jedoch gelegentlich überprüft werden sollten. Zudem entdeckte ich an diesem Wochenende, wie wahre Meister ihres Fachs unsichere, aber willige Schüler für eine neue Welt begeistern können. Und vor allem wusste ich danach, was ein Crashkurs kann – und was nicht.

Da Sie sich mit dem Kauf dieses Buches ebenfalls für einen Crashkurs entschieden haben, will ich Ihnen diese Informationen nicht vorenthalten. Zumal in »Enttäuschung« das unangenehme Verb »täuschen« steckt. Gibt man »to crash« auf einer Übersetzungsseite ein und liest die deutschen Bedeutungen, ist die freiwillige Teilnahme an einem Crashkurs erstaunlich. Denn abstürzen, zusammenbrechen, pleitegehen oder bruchlanden ist wohl nicht das erklärte Ziel der Teilnehmenden. Irgendwann muss das menschliche Gehirn die negativen Folgen einer schnellen Landung ausgeblendet haben, so dass es bei einem Crash nur noch an Geschwindigkeit dachte. Und weil Entschleunigung zwar guttun würde, aber dem Wunsch nach schnellen Belohnungen im Wege steht, lassen sich Instantlösungen allen Lebensratgebern zum Trotz noch immer besser verkaufen. Und so kommt es, dass auf Wikipedia zu lesen ist, dass wir unter Crashkurs eine Lehrveranstaltung verstehen dürfen, die den Wissensstoff wesentlich schneller vermittelt. Wie relativ *schnell* ist, deutet der Autor des Wikipedia-Artikels mit dem Satz an: »Je nach Fachgebiet dauert ein Crashkurs lediglich wenige Stunden, Tage oder Wochen.«

Dieser Abstecher ins neue Weltlexikon ist deshalb nützlich, weil er in Teilen vorwegnimmt, was in Kapitel 1 »Der Weg zum Meister – Handwerkszeug und Methoden« genauer ausgeführt wird. Ein guter Crashkurs ist tatsächlich so angelegt, dass der Teilnehmer in überschaubarer Zeit die wichtigsten Elemente eines Fachgebiets kennenlernt. Und zwar so, dass er die Anwendung vermittelter Regeln selber üben kann. Das gelang dem Tanzlehrer damals so gut, dass ich den Sprung in die Öffentlichkeit wagte, der schönen Eva nicht dauernd auf die Füße trat, bei gewissen Bewegungen sogar ein Minimum an Erotik ausstrahlte und während der Tango-Tanz-Woche riesig Spaß hatte. Aber weil ich danach auf weitere Übungseinheiten verzichtete, kam der Crash schließlich doch noch. Obwohl inzwischen klar sein sollte, was ein Crashkurs und damit auch dieses Buch kann, fasse ich es nochmals zusammen:

Sie erfahren auf den nächsten Seiten, was Storytelling ist, welchen Grundregeln eine gute Geschichte folgt, wie Sie Geschichten als veränderbare Vorlage finden, was Ihnen den Weg zum Meister erleichtert und wo Storytelling überall einsetzbar ist. Zur Bruchlandung kommt es nur, wenn Sie auf alle Übungen verzichten und glauben, Wissen sei mit Können identisch. Aber wenn Sie an all die Crashkurse denken, die Sie seit Ihrer Kindheit schon absolviert haben, werden Sie diesem Irrtum kaum erliegen.

Übungen

- Rufen Sie sich in Erinnerung, was Sie in kurzer Zeit so gut gelernt haben, dass Sie von einem erfolgreichen Crashkurs sprechen würden. Warum war dem so?
- Suchen Sie in Ihrem Lebenslauf nach einem Menschen, zu dem Sie ein Meister-Schüler-Verhältnis hatten oder haben.

	**Werkzeugkasten** • Lebensratgeber, deren Verfasser vom Menschen ausgehen, wie er ist, und keine Tipps für Menschen geben, die es noch nicht gibt. • Rituale, die ständiges Üben erleichtern.
	**Stolpersteine** • Perfektionismus: Rezepte eins zu eins nachkochen wollen. • Vergessen, dass Storytelling auch eine Denkhaltung ist.

Crashkurse beschleunigen das Lerntempo

Meist merken wir nichts davon, wenn unser Gehirn wieder etwas Neues lernt. Schon gar nicht in unseren ersten Lebensjahren. Und die meisten Regeln brauchen wir auch nicht zu wissen, um etwas richtig zu machen. Seine Muttersprache lernt niemand mit einem Grammatikbuch in der Hand, sondern indem das Gehirn aus all dem, was auf es einstürmt, automatisch brauchbare Regeln erkennt. Und wenn die im so genannten impliziten Gedächtnis erst einmal gespeichert sind, ist es meist besser, die Regeln wieder zu vergessen. Das wissen Golfspieler ebenso wie Konzertpianisten oder Baseballspieler.

Möchten Sie Ihre Leistung auf einem bestimmten Gebiet verbessern, sollten Sie die Regeln kennen, nach denen Ihr Gehirn die erwünschten Fortschritte berechnet. Es sei denn, Sie haben unendlich viel Zeit und wollen nur auf die Try-and-Error-Methode setzen. An einem Tango-Festival können Sie auch teilnehmen, ohne die Gesetzmäßigkeiten genau zu kennen, nach denen geübte Tänzer übers Parkett gleiten. Aber Ihr Auftritt wird bestimmt weniger peinlich geraten, wenn Sie irgendwann einen Crashkurs besucht haben. Und würden Sie nicht daran glauben, dass es für das Finden oder Erfinden guter Geschichten ebenfalls Regeln gibt, hätten Sie jetzt nicht dieses Buch in der Hand. Dieser Glaube ist allerdings nicht selbstverständlich. Denn weil wir uns die Welt schon immer und ein Leben lang in Form von Geschichten aneignen, nehmen wir kaum wahr, welche Elemente guten Geschichten gemeinsam sind. Doch welche Storys Aufmerksamkeit wecken und in Erinnerung bleiben, ist so wenig persönliche Geschmackssache wie ein Tango, der das Publikum zu begeistern weiß.

Ob Storytelling, Tanz, Musik oder Sport – wer sein Leistungsniveau auf einem bestimmten Gebiet schnell steigern will, muss üben und die Komfortzone verlassen. Denn Lernen im Schlaf bleibt trotz vollmundiger Versprechen unseriöser Anbieter ein Wunschtraum. Realität ist jedoch, dass erfolgreiche Methoden für individuelles Lernen auf bewährten Grundregeln basieren, die ich im Kapitel 1 »Der Weg zum Meister – Handwerkszeug und Methoden« detailliert beschreibe.

An wen richtet sich dieses Buch?

»Dieser geniale Text richtet sich an alle.« Mit diesem leicht überheblichen Begleitkommentar wollte ich zu Beginn meiner Lehr- und Wanderjahre in der Werbebranche meine Arbeit absegnen lassen. Antwort von meinem Chef: »Genial gibt es so wenig wie alle.« So in den Senkel gestellt, kümmerte ich mich also zähneknirschend um Zielgruppen, Sinus-Milieus und Marktsegmentierungen. Doch mit dem Wissen von heute hätte ich meinem Lehrmeister widersprochen. Denn eine gute Geschichte ist zielgruppenübergreifend. Wäre dem nicht so, hätte Paulus mit seinen Botschaften ebenso wenig Erfolg gehabt wie J. R. Rowling mit »Harry Potter«.

So abrupt lässt sich die Diskussion um die richtige Zielgruppe natürlich nicht beenden. Wer die Geschichten von Rosamunde Pilcher liebt, sitzt wahrscheinlich nicht im Kinosaal, wenn ein Film von Quentin Tarantino läuft. Und die Bettlektüre von Greta Thunberg ist kaum identisch mit der von Heidi Klum. Es ist nur so, dass uns die klassischen Zielgruppensegmente kaum weiterhelfen, wenn es um die Konzeption einer guten Geschichte geht. Was sich besser eignet, gehört zu den Themen dieses Buches. Ich habe es für alle geschrieben, die einfach mehr über Storytelling wissen möchten und daran glauben, dass erinnerungswürdige Geschichten auf gewissen Regeln beruhen.

Da Storyteller verinnerlich haben, dass Menschen ohnehin nur die Geschichte hören, die sie hören wollen, gehen sie die Zielgruppendiskussion gelassener an. Deshalb habe ich bei der Frage, welches Publikum ich ansprechen will, nur zwischen Betrachter und Ausführendem unterschieden.

Der kritische Rezipient

Wie wir im Verlaufe dieses Buches sehen werden, ist Storytelling weit mehr als eine Technik oder Fertigkeit. Denn Storytelling ist auch eine Denkhaltung, die unsere

Sichtweise auf die menschliche Kommunikation in vielen Punkten entscheidend verändert. Denn mit der Annahme, dass unser Gehirn komplexe Informationen in Geschichten verwandelt und diesen Transformationsprozess nach überzeitlichen Regeln vollzieht, lässt sich auch die Qualität einer Geschichte objektiver beurteilen. Was eine gute Geschichte auszeichnet, ist also nicht einfach Geschmackssache.

Dieses Buch gibt Marketingverantwortlichen, Kommunikationsbeauftragten, Agenturleitern, Produzenten und Führungskräften aus den verschiedensten Bereichen mit dem Story-Check in Kapitel 3 ein Instrumentarium an die Hand, mit dem sich die Aufbereitung von Informationen analysieren lässt. Und dass mit dieser Checkliste Diskussionen im Team strukturierter ablaufen, ist eine angenehme Nebenerscheinung.

Der kreative Produzent

Professionellen Geschichtenerzählern wie Werbetexter, Journalisten, Medienschaffende, Drehbuchautoren, Blogger und Verfasser von PR-Mitteilungen, Verkaufsunterlagen oder Gebrauchsanweisungen soll dieser Crashkurs den Weg zum Meister ebnen. Oder um einen Ausdruck des Expertiseforschers K. Anders Ericsson zu gebrauchen, »Bewusstes Lernen« erleichtern. Denn mit einem Modell bzw. einer Theorie ist es wesentlich einfacher, ein bestimmtes Ziel anzuvisieren und einen persönlichen Trainingsplan zu entwerfen.

Da bewusstes Lernen auch Feedback beinhaltet, suchen sich inzwischen nicht nur Künstler und Sportler einen Trainer, der Ziele definiert, Fortschritte überwacht, auf Fehler hinweist und andere Lösungen vorschlägt. Nur macht es wenig Sinn, einen Coach zu engagieren, mit dessen System man sich nicht identifizieren kann.

Nach meinem Betreten der Werbewelt als Juniortexter war ich wie die meisten Anfänger der Auffassung, die Befolgung von Vorgaben und Regeln würde meine Kreativität eingrenzen. Ein Irrtum, der damals durch mein beginnendes Interesse für moderne Kunst noch gefördert wurde. Doch von meinem Chef dazu gezwungen, die Komfortzone zu verlassen und mich in Disziplin zu üben, suchte ich schon bald nach Gesetzen, die ich gezielt statt zufällig verletzen konnte.

Solche Gesetze und damit einen Rahmen will dieser Crashkurs den kreativen Produzenten von Geschichten liefern. In erster Linie möchte ich dazu anregen, alte Gewohnheiten und Glaubenssätze zu überdenken sowie bewährte Denkmuster mit neuen Erkenntnissen anzureichern. Der Story-Check ist ein Vorschlag, ein Modell, keine Wahrheit. Es liegt selbstredend im Ermessen der Textschaffenden, Elemente anders zu gewichten oder zu benennen. Nur erfordert gelingende Selbstüberwachung, wie wir sehen werden, effektive mentale Repräsentationen. Ein Hochspringer kann die Qualität seines Anlaufs schlecht einschätzen, wenn er den idealen Bewegungsablauf nicht im Kopf hat. Und ebenso wird ein Geschichtenerzähler bei der Analyse im Dunkeln tappen, wenn ihm bewährte Mustervorlagen fehlen.

Neue Aktualität erhält ein System für das Finden und Erfinden guter Geschichten durch den Erfolg von Netflix. Denn wie Reed Hastings, der Gründer und CEO von Netflix, in seinem Buch mit dem missverständlichen Titel »No Rules Rules« meint, braucht kreative Teamarbeit ein lose verknüpftes System. Und ein solches beschreibt auch dieser Crashkurs.

Schön, dass »Geschichte«, also das wichtigste Wort in diesem Buch, weiblich ist. Das erleichtert mir den Entschluss, bei den Geschlechterbezeichnungen durchgängig die männliche Form zu verwenden. Nicht um »die Hälfte des Himmels«, wie die Chinesen sagen, auszuschließen, sondern um die Lesestruktur flüssig zu halten.

1 Der Weg zum Meister – Handwerkszeug und Methoden

Ein Freund von mir beschloss eines Tages, seinen Beruf als Goldschmied an den berühmten Nagel zu hängen und in der italienischen Schweiz ein Restaurant zu eröffnen. Von dieser mutigen Entscheidung erfuhr ich eher zufällig, als ich ihn nach langer Zeit wieder einmal besuchte, um Erinnerungen auszutauschen. Und weil dazu auch durchdiskutierte Nächte mit billigem Rotwein und pampigen Spaghetti Bolognese gehörten, erwartete ich auch diesmal keinen kulinarischen Höhenflug. Umso erstaunter war ich, als mir Oliver die beste Polenta auftischte, die ich je gegessen hatte. Und dass wir dazu einen wunderbaren piemontesischen Dolcetto tranken, überraschte mich ebenfalls. Meine ausufernde Lobeshymne würgte er mit der Frage ab, ob ich als Testesser die ganze Nacht bleiben könne und wolle. Die seien ihm nämlich inzwischen ausgegangen, da er seit einigen Wochen die Rezepte bekannter Meister nachkoche. So gut und vor allem so viel habe ich seither nie mehr gegessen. Zudem bestätigte dieses Erlebnis meine These, dass Kopieren eine der Etappen ist, die zum Meister führt.

Auf diese und weitere Stationen gehe ich in diesem Kapitel ein. Denn sie gelten nicht nur für Meisterköche, sondern für Spitzenleistungen in allen Disziplinen. Mag sein, dass viele Meister ihres Fachs diese Etappen unbewusst zurücklegten, sie anders benennen oder gar nicht so wichtig finden. Aber liest man deren Biografien, stößt man ebenso auf diesen Weg wie die Wissenschaftler, die ihn mit experimentellen Methoden suchen. Talent kann nützen, ist aber bei Weitem nicht so wichtig, wie uns der Genie-Mythos glauben lässt.

Fertigkeiten sind lern- und verbesserbar. Und Finden oder Erfinden einer guten Geschichte gehört zu den menschlichen Fertigkeiten wie Fahrradfahren, ein Instrument spielen oder bildnerisches Gestalten. Aber Talent allein reicht nicht, um es zur Meisterschaft zu bringen. Talent und Wissen sind sozusagen das Starterkit. Damit die Sache für uns und allfällige Zuschauer spannend wird, braucht es geeignete Baukästen für die Fortsetzung. Was in ihnen enthalten ist, ahnten wir schon lange. Interessant ist, dass die Lernmethoden der großen Meister nun offiziell von Wissenschaften bestätigt werden, die sich mit der Funktionsweise unseres Gehirns beschäftigen. Werfen wir also einen Blick auf das Programm, das ein Talent befolgen sollte, wenn es zum Meister werden will. Dieser Blick wird Sie auch Zusammenhänge erkennen lassen, die Sie schon immer vermuteten, aber aus Mangel an Beweisen nicht zur Kenntnis nehmen wollten. Und im besten Fall wird er Ihr Leben verändern.

1.1 Beobachten – Grundlage für die Entwicklung guter Geschichten

Wer gerne Biografien von Schriftstellern liest und Interviews mit erfolgreichen Drehbuchschreibern hört, entdeckt schnell, was diese Menschen trotz verschiedener Lebensläufe gemeinsam haben. Sie beobachten. Sie sitzen in Eingangshallen von Hotels, in Kaffeehäusern, in Wartehallen von Flughäfen und Bahnhöfen, am Strand, in Kinderzimmern und Museen. Sie verpassen einen Bus oder ein Taxi, nur um den Schluss einer Szenerie mitzubekommen. Sie blicken durch Schaufensterscheiben und in Wohnzimmer, betreten einen Kinosaal als Erste und verlassen ihn als Letzte, betrachten im Aufzug nicht nur den Boden, sind Berufsvoyeure, Spione und verdeckte Ermittler. Für Beobachter gibt es nichts, das sich von vornherein als unwürdig erweist, von ihnen wahrgenommen zu werden.

Bis wir freudig erregt und mit mulmigem Gefühl zum ersten Mal die Schwelle zu einem Schulzimmer betreten, ist unsere innere Schatztruhe bereits randvoll mit Geschichten. Vorwiegend mit Stummfilmen der frühen Kindheitsjahre, die wir nachträglich vertonen. Und unser Werkzeug, mit dem wir die Kostbarkeiten sammelten, welche unser Verhalten später maßgeblich beeinflussen, sind die Augen. Am Anfang steht nicht das Wort, am Anfang steht das Sehen. Der Mensch ist bekanntlich eine Frühgeburt und ein soziales Wesen. Das ist eine Kombination, die zwar hohe Anpassung an veränderte Umweltbedingungen ermöglicht, aber auch eine gute Beobachtungsgabe erfordert. Diese Gabe im Zeitalter schneller Urteile und medialer Vorurteile zu bewahren, ist nicht einfach. Aber für erfolgreiches Storytelling ist sie unabdingbar.

Beobachter wissen, dass Action zwar Aufmerksamkeit erregt, aber nur selten tiefe Erinnerungsspuren hinterlässt. Gute Geschichten docken ans Alltägliche an. Und indem Meister im Storytelling die Mustervorlagen durch Beobachten des ganz normalen Lebens extrahieren, verfügen sie über ein Grundinventar, aus dem sie beliebig viele Varianten konstruieren können.

Für Geschichtenerzähler gehört Beobachten zur Arbeitszeit

»Wenn du nicht mehr weiterkommst, pack deine Sachen zusammen, setz dich in ein Straßencafé, schau dir die Leute an und komm' irgendwann wieder.« Diesen Ratschlag gab mir ein großer Meister im Storytelling, als ich meine Lehr- und Wanderjahre als Texter und Konzepter in den goldenen Zeiten der Werbebranche begann. Und nun gebe ich diesen Tipp Jahrzehnte später gerne weiter. Zumal die Kunst des Beobachtens im digitalen Zeitalter noch mehr aus der Mode gekommen ist. Diesen Befund belegen auch Google oder Amazon, wenn wir auf deren Websites nach inspirierenden Informationen über das Beobachten suchen. Diese Geringschätzung des aufmerksamen Hinsehens hat wohl auch mit Eigenschaften zu tun, die ein guter Beobachter mitbringen sollte und den gängigen Anforderungsprofilen professioneller Personalvermittler oft widersprechen.

Ein guter Beobachter ...

- interessiert sich für den Menschen, wie er ist, nicht wie er sein soll.
- kann damit leben, dass man Schlüsse aus seinen Wahrnehmungen als persönliche Meinung abqualifiziert.
- misst Gesamtbildern mehr Gewicht zu als unwichtigen Details.
- lässt Gesehenes auf sich wirken, ohne es gleich einordnen zu wollen.
- sucht zuerst nach bekannten Mustern, bevor er seine Aufmerksamkeit auf Originelles richtet.
- kennt die häufigsten Wahrnehmungsfehler und korrigiert seine Ergebnisse nach.
- weiß um sein schlechtes Gedächtnis und hält Wesentliches deshalb schriftlich fest.
- entwickelt oder übernimmt ein System, nach dem er seine Eindrücke ordnet und gewichtet.
- beobachtet auch seine eigenen Wahrnehmungen und Verhaltensmuster.

Mit allen Sinnen beobachten

Die Kunst des Beobachtens ist nicht auf das Visuelle beschränkt. »Beobachten« können wir mit allen Sinnen, auch wenn Zusehen und Zuhören wohl meist im Vordergrund stehen.

Was bedeutet Beobachten für die Kunst des Geschichtenerzählens? Es heißt in erster Linie, der realen Welt wieder etwas mehr Aufmerksamkeit zu schenken und die eigenen Sinne als das wichtigste Medium zu betrachten. Sammeln Sie deshalb möglichst viele Geschichten, die Sie berühren, belustigen, bestätigen oder überraschen. Weitere Tipps gibt es in Kapitel 4 »Fundorte für gute Geschichten«.

	**Übungen** • Stellen Sie bei einer längeren Wartezeit den Schalter auf Entertainment und beobachten Sie, wie andere Menschen Zwangspausen überbrücken. Zusatzübung: Typisieren Sie die Wartenden. • Schalten Sie bei Fahrten in öffentlichen Verkehrsmitteln Ihr Smartphone aus. Noch besser: Lassen Sie es gelegentlich zu Hause. • Stellen Sie ein persönliches Übungsprogramm zusammen. Da Beobachten zu den Tätigkeiten gehört, die Sie überall üben können, fällt Ihnen dies bestimmt leicht.
	**Werkzeugkasten** Als Storyteller sollten Sie sich unbedingt eine Gedächtnishilfe anschaffen, die Ihnen entspricht. Denn obwohl Eltern vieles besser wissen, ist der Satz »Wenn du es vergessen hast, war es auch nicht wichtig« Unsinn. Meine Beobachtungen halte ich trotz Technikaffinität noch immer in einem kleinen roten Notizbuch ohne Linien fest. Wofür entscheiden Sie sich?
	**Stolpersteine** • Den Tipp befolgen wollen, auf Bewertungen zu verzichten. Damit würden Sie laut dem indischen Philosoph Krishnamurti zwar irgendwann die höchste Form menschlicher Intelligenz erreichen, verlieren aber bis dahin wertvolle Zeit für wichtigere Übungen. • Von Einzelfällen vorschnell auf allgemein gültige Gesetze schließen. • Beim Interpretieren die eigene Stimmung und den Kontext nicht in Betracht ziehen.

1.2 Kopieren – Mustervorlagen entdecken und anwenden

Kopieren heißt kapieren. Mit dieser Behauptung wird bei Pädagogen schlecht ankommen, wer beim Spicken erwischt wird. Auf mehr Verständnis können Sünder hoffen, die bei den Neurowissenschaftlern Hilfe suchen. Das Kopieren erfolgreicher Muster gehört nämlich zu den effizientesten Lernmethoden des Gehirns. Denn es speichert Informationspakete in Form von Geschichten ab. Allerdings nicht in einer riesigen Bibliothek, wie man lange glaubte, sondern in Einzelteilen und an verschiedenen Orten. Es verfährt also nach dem Prinzip, Ähnliches als Mustervorlagen abzuspeichern. Daher verfügen wir über ein überschaubares Set an prototypischen

Themen und Strukturen. Beim Kopieren geht es also darum, diese Mustervorlagen zu entdecken und in den eigenen Erfahrungsschatz zu überführen.

Von solchen naturwissenschaftlichen Zusammenhängen wusste Goethe ebenso wenig wie Picasso. Doch sie müssen geahnt haben, dass Kopieren keine minderwertige Arbeit ist, sondern zu ihrer Ausbildung gehört. Davon bekommen wir während unserer schulischen Sozialisation leider wenig mit. Aber wer sich intensiv mit Leben und Werk bekannter Künstler beschäftigt, stößt unweigerlich auf deren Phasen des Kopierens.

Bevor sich der amerikanische Künstler Robert Rauschenberg mit seinen *White Paintings* einen ersten Namen gemacht hat, kopierte er ebenfalls Werke seiner Vorbilder. Und vielleicht brachte ihn dies mit 27 Jahren auf die verrückte Idee, eine Zeichnung seines Idols Willem de Kooning zu kopieren, die Bleistiftspuren danach vollständig auszuradieren und das Resultat mit dem eigenen Namen zu versehen. Bis er »Erased de Kooning Drawing« von der Leinwand gerubbelt hatte, brauchte er einen ganzen Monat und Massen an Radiergummis. Aber obwohl das heute sündhaft teure Bild im Museum of Modern Art von San Francisco hängt, wird es für Diskussionen über Originale und Kopien leider nur selten beigezogen. Auch weil der Zeitgeist ein Bekenntnis zur Individualität, zum Anderssein, zum einzigartigen Original fordert.

Aber da der Weg zum Meister auch über das Kopieren bewährter Mustervorlagen führt, sollte man dem Zeitgeist nicht hinterherhecheln und dem Gruppendruck leichtfertig nachgeben. Ganz abgesehen davon, dass sich der Aufruf zum Original meist als banale Selbstbeschwörung entlarvt, wenn man genauer hinsieht und -hört. Wer sich für Storytelling entscheidet, sollte jedenfalls den Mut haben, gegen den Strom zu schwimmen und sich im Kopieren üben.

Auch wenn die bildende Kunst im weiteren Sinn ebenfalls eine Form von Storytelling ist, werfen wir unser Augenmerk eher auf die schriftlichen Varianten, die allenfalls filmisch übersetzt werden. Die Frage, was sich als Kopiermaterial eignet, lässt sich einfach beantworten: Alles, was gut ist, Erfolg hat und daher weiterzählt wird. Kopierwürdiges steht zuoberst auf den Bestsellerlisten, ob uns das Ranking gefällt oder nicht. Es steht in fetten Buchstaben in der Bildzeitung, wird in Wunschkonzerten verlangt, auf Glückwunschkarten geschrieben, in Kinderzimmern gehortet. So gab der amerikanische Regisseur und Vater der Star-Wars-Episoden, George Lucas, das Bekenntnis ab, er habe eigentlich nur Grimms Märchen kopiert. Viele bekannte Schriftsteller trugen immer ein Notizbuch bei sich, in das sie außergewöhnliche Wörter und

Sätze schrieben, um sie später verwenden zu können. Viel Lesen kann sicher nicht schaden, aber der Lerneffekt ist nachweislich sehr viel geringer als beim Eintippen guter Vorlagen in den Computer. Noch besser ist es, wenn man gute Wörter und Sätze anderer handschriftlich übernimmt, weil an dieser alten Form des Festhaltens mehr Gehirnareale beteiligt sind. So verwerflich Abpausen gemeinhin gilt, so sehr trägt es zur Sicherheit bei, selber etwas leisten zu können. Der plötzliche Erfolg von Ausmalbüchern für Erwachsene kommt nur für Originalitäts-Ideologen überraschend.

Übungen

- Falls Sie am Imitieren anderer Menschen Spaß haben, sollten Sie das künftig noch mehr tun. Charlie Chaplin kam so auf wunderbare Varianten bekannter Geschichten.
- Im Internet eines der vielen Zitate-Portale besuchen und unter den Stichworten »Glück«, »Geld« und »Geschichten« mindestens drei Zitate auswählen, die Sie in Ihr Notizbuch schreiben. Wiederholen Sie nach der Lektüre von Kapitels 3 »Der Story-Check« diese Übung. Würden Sie die gleichen »Kurzgeschichten« nochmals auswählen? Wenn nein, warum nicht?
- Eine Sammlung kopierwürdiger Geburtstagswünsche und Neujahrsgrüße anlegen.

Werkzeugkasten

- Ihr Notizbuch, in dem Sie kopierwürdige Minigeschichten und gute Titel festhalten.
- Alle spiegelnden Flächen.
- Lückentexte, Ausmalbücher.

Stolpersteine

- Zu glauben, mit Kopieren sei das Drücken der Tasten »Copy« und »Paste« gemeint. Denn nur wenn Kopieren mit Arbeit verbunden ist, erfasst das Unbewusste die Mustervorlagen.
- Dem Kopierten die Kopie zeigen und ihn um seine Meinung fragen.

1.3 Üben – Talent und Interesse allein reichen nicht

»It takes 10 years of extensive training to excel in anything.« Worauf diese Annahme des 2001 verstorbenen Nobelpreisträgers Herbert Simon beruht, wissen wir nicht. Aber ich kann Sie beruhigen. Um es zum Meister im Storytelling zu bringen, müssen

Sie nicht zwingend zehn Jahre lang intensiv trainieren. Ohne Üben geht es allerdings auch nicht, wie eine von Ralf Krampe, Clemens Tesch-Römer und K. Anders Ericsson 1993 veröffentlichte Studie zeigt. Wenig überraschend ergaben die Forschungsergebnisse, dass die besten Geigenspieler an der Berliner Musikakademie im Schnitt deutlich mehr Stunden allein geübt hatten als die lediglich guten.

Die 10.000-Stunden-Regel

Spannender und für unser Thema von größerer Bedeutung ist die Frage, wie es zur 10.000-Stunden-Regel kam. Denn K. Anders Ericsson und seine Kollegen hatten nie behauptet, dass in ihrem Bereich extrem erfolgreiche Menschen mindestens 10.000 Stunden übten. Es war der amerikanische Bestsellerautor Malcolm Gladwell, der 2008 diese Mär in die Welt setzte. Und das gelang ihm, weil er in seinem Buch »Outliers: The Story of Success« wissenschaftliche Erkenntnisse in Geschichten verpackt und seinen Lesern erzählt, was sie hören wollen. Er berichtet von den Beatles, ihren 270 Auftritten in Hamburg, hält jedes Konzert für eine Übungseinheit, setzt die Programmierstunden von Bill Gates vor der Gründung von Microsoft auf 10.000 Stunden und macht schließlich aus dieser magischen Zahl eine Regel.

In seinem Buch »TOP. Die neue Wissenschaft vom bewussten Lernen« ärgert sich K. Anders Ericsson zwar über die Gladwell'schen Vereinfachungen und Fehlinterpretationen, ist ihm für sein Storytelling aber letztlich doch dankbar. Denn ohne Gladwells Geschichten wäre die Expertiseforschung wohl ein Stiefkind der Psychologie geblieben. Und obwohl es noch immer keine allgemein akzeptierten Kriterien gibt, ab wann jemand den Expertenstatus erreicht hat, weiß man inzwischen sehr viel mehr über den Zusammenhang von bewusstem Üben und Leistungsexzellenz.

Die 10.000-Stunden-Regel mag wissenschaftlich falsch sein, hat jedoch das Bewusstsein gefördert, dass Talent und Interesse allein nicht reichen, um die Durchschnittszone verlassen zu können. Und wenn Sie Ihre eigene Biografie Revue passieren lassen, sehen Sie diese Erkenntnis sicher bestätigt. Bis unsere unbewusst arbeitenden Gehirnareale die neuronalen Muster komplexer Fertigkeiten so gespeichert haben, dass sie vom Autopiloten bedient werden können, braucht es Übung. Und Übungseinheiten können wir leider nicht delegieren.

Übungen lassen sich nicht delegieren

Am Üben führt also kein Weg vorbei. Wählen können wir nur, welchen Weg wir einschlagen wollen. Und, wie könnte es auch anders sein, bei der Bewältigung unangenehmer Streckenabschnitte hilft Begeisterung. Wo die fehlt, bleiben Hausaufgaben unerledigt, wenn niemand Druck ausübt. Und das war auch der Fall, als Radiomoderatoren »Der Himmel ist blau« auf zwanzig verschiedene Arten formulieren mussten. Im Maileingang fanden sich bezeichnenderweise nur die Vorschläge des Sprechers, der auf solche Übungen sogar verzichten könnte. Es braucht nicht zwingend Coaches, Trainer oder Lehrer, um es im Storytelling zu Meisterleistungen zu bringen. Aber um dem evolutionären Programm Faulheit besser Paroli zu bieten, sind Sparringpartner gewiss eine Möglichkeit.

Das freie Training darf man natürlich gestalten, wie und wo man will. So wie Diego Maradona als Kind und Jugendlicher mit allem Fußball spielte, das kleiner als ein Kochtopf, irgendwie rund und beweglich war, ergreifen Geschichtenerzähler jede Gelegenheit, um Mustervorlagen im Traum zu beherrschen. Ob Sie nun eine Rechnung stellen, eine E-Mail schreiben, ein Telefonat führen oder eine Reklamation beantworten, überall wartet eine kleine Geschichte darauf, endlich entdeckt und verbessert zu werden.

	**Übungen** • Die besten Geschichten sind die eigenen. Halten Sie eigene Erlebnisse, Erfahrungen, Wahrnehmungen, Beobachtungen fest. In welcher Form auch immer, unzensiert und ohne die feste Absicht, alles davon irgendwann zu verwenden. • Trennen Sie schärfer zwischen Pflicht und Kür. Nicht jede Geschichte muss ein Meisterwerk sein.
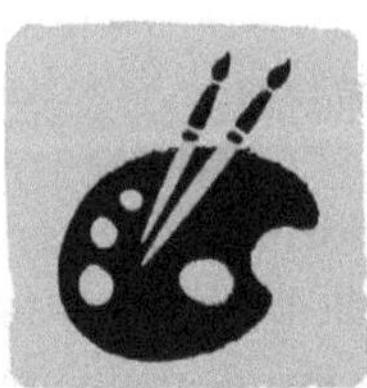	**Werkzeugkasten** • Zu den empfehlenswerten Werkzeugen gehört natürlich dieses Buch. Und weil weit und breit kein Lehrer in Sicht ist, dürfen Sie jede Übung nach eigenem Gutdünken abwandeln oder so ausführen, wie es Ihnen am besten passt. • Nützlich sind auch Bücher zu Drehbuchschreiben, Creative Writing, Copywriting und Journalismus. • Making-of-Extras auf DVDs von Filmen.
	**Stolpersteine** • Perfektionismus. Üben sollten Sie nicht für die anderen, sondern für sich. Lieber weniger, dafür regelmäßig. • Charaktereigenschaften des inneren Schweinehundes, mit deren Beschreibungen Marco von Münchhausen zum Bestsellerautor wurde. • Der Glaube, Geschichten, die primär von Action leben, seien gutes Übungsmaterial.

1.4 Variieren – Neuinszenieren von alten Vorlagen

Wie Altmeister Goethe sind auch andere große Erzähler der Meinung, dass es keine neuen Geschichten gibt, sondern nur Varianten überzeitlicher und universeller Themen. Wirklich Neues ist höchst selten. Und sieht man genauer hin, sind selbst in der originellsten Geschichte Muster zu entdecken, die uns bekannt vorkommen. Aufmerksamkeit erregt man auch im Storytelling nicht mit abstrusen Erfindungen, sondern mit gelungenen Neuinszenierungen. Von einem Musikwissenschaftler habe ich mir sagen lassen, dass sogar Arnold Schönberg nichts völlig Neues schuf, als er seine Zwölftontechnik entwickelte. Variieren kommt vom Lateinischen »variare« und heißt »verändern«, nicht neu schaffen. Es geht also darum, gewohnte Muster und Regeln neu zu interpretieren, wegzulassen und auf andere Art miteinander zu verbinden. Und obwohl der Zufall an diesen schöpferischen Prozess oft ebenfalls mitwirkt, spielt er nicht die Hauptrolle. Die steht eher dem Bewusstsein zu, das uns beim gezielten Variieren bestehender Vorlagen leitet.

Mathematisch bewanderte Leser werden mir sicher zustimmen, dass die Angst unbegründet ist, die Fokussierung auf das Variieren schränke die Kreativität ein. Denn es braucht nur wenige Variablen, um unzählige Neukombinationen zu schaffen. So kommt die wohltemperierte Skala unserer westlichen Welt mit lediglich 12 (Halb-) Tönen pro Oktave aus. Und obwohl sich Schachspieler seit Jahrhunderten über 64 Felder beugen, gibt es offenbar noch immer Variationen von Spielzügen, die eine neue Geschichte schreiben.

Storytelling und Inszenierung sind ein untrennbares Paar. Wie Literatur-, Theater- oder Filmliebhaber wissen, kann schon eine neue Kulisse genügen, um einer alten Geschichte neues Leben einzuhauchen. In jeder Liebesgeschichte geht es letztlich um Verführung. Aber wir können diese Handlung auf so verschiedene Arten erzählen, dass wir immer ein Publikum finden.

Um neue und passende Varianten zu kreieren, muss man allerdings zuerst das Handwerk, die Regeln und Werkzeuge kennen. Auf die Frage eines Journalisten, weshalb er seine Gegner immer wieder überraschen könne, meinte Maradona: »Da ich weder auf den Ball noch auf die Füße schauen muss, kann ich mich ganz aufs Spielerische konzentrieren.«

Variieren kann nur, wer sein Handwerk beherrscht.

Der französische Surrealist Raymond Queneau veröffentlichte 1947 ein schmales Büchlein mit dem Titel »Exercices de style«, dessen deutsche Ausgabe lange Zeit vergriffen war. In einer völlig neuen Übersetzung liegt diese Mustervorlage gekonnter Variationen seit 2016 nun wieder vor. Für Storyteller sind Queneaus »Stilübungen« schon fast Pflichtlektüre. Denn wie der 1976 in Paris verstorbene Literat eine völlig banale Begebenheit in einem Pariser Omnibus variiert, ist schlicht großartig. Denn obwohl jede seiner 99 Versionen ein Original ist, schimmert die Vorlage in jeder Variation durch. Möglich ist dies, weil Queneau die ganze Welt als Sprache auffasst. Alles erzählt eine Geschichte, auch unbelebte Gegenstände, formale Anordnungen, Satzzeichen oder Perspektiven. Die Welt ist eben tatsächlich ein Theater. Und wer das Publikum unterhalten und verführen will, darf alle Requisiten nutzen, Kulissen entwerfen und Figuren auf- oder abtreten lassen. Variieren heißt, die Lust am Spiel auszuleben.

1.5 Fremde Geschichten zu eigenen machen – die Osborn-Liste

Das Credo »Lieber eine gute Geschichte variieren als eine durchschnittliche kreieren« wirft natürlich die Frage auf, welche Hilfsmittel die Befolgung dieses Ratschlages erleichtern. Die Antwort, mit der sich gute Resultate erzielen lassen, ist eine doppelte: Mit den Elementen des Story-Checks spielen und dabei die Osborn-Liste anwenden.

Osborns Liste manipulativer Verben

Der Werbefachmann Alex Faickney Osborn gilt nicht nur als Erfinder des Brainstormings, sondern hat uns auch ein Instrument hinterlassen, mit dem wir fremde Geschichten so modifizieren können, dass sie zu einem Original von uns selber werden. Denn Osborns Liste manipulativer Verben erleichtert das Knüpfen neuer Assoziationsketten. Wenn der kleine Pudel durch Vergrößerung plötzlich zum Elefanten wird, entsteht vielleicht daraus eine gute Story.

Handlung	Mögliche Fragestellungen
Anders verwenden	Wie kann ich die Idee anders verwenden? Für andere Personen, an anderen Orten, zu anderen Zeiten?
Anpassen	Was ist ähnlich? Gibt es Parallelbeispiele? Was passiert, wenn sich eine Figur fügt, statt Widerstand zu leisten? Was kann nachgeahmt werden?

Handlung	Mögliche Fragestellungen
Verändern	Kann ich Bedeutung, Farbe, Form, Aussehen, Zweck, Gefühl, Geruch, Bewegung, Klang, Schrift, Komposition, Grafik, Personeninventar oder die Kulisse ändern?
Vergrößern	Was hinzufügen? In welcher Qualität oder Quantität? Was lasse ich überproportional und in welche Richtung wachsen? Kann ich verdoppeln, vervielfachen, übertreiben, die Kadenz erhöhen?
Verkleinern	Was wegnehmen? Komprimieren, miniaturisieren, abwerten, untertreiben abschwächen, aufspalten, niedriger, kürzer, kleiner, leichter, windschlüpfriger machen?
Ersetzen	Was oder wen kann ich ersetzen? Materialien, Personen, Orte, Räumlichkeiten, Bedingungen, Positionen, Energiequellen, Handlungen Zugänge, Beschreibungen, Dialoge, Bestandteile?
Umstellen	Kann ich Episoden, Ereignisse und Akte anders ordnen? Von unten nach oben, von links nach rechts? Ende und Anfang, Ursache und Wirkung vertauschen?
Umkehren	Positiv statt negativ? Lassen sich Rollen oder Aufgaben vertauschen? Lässt sich die Geschichte von hinten aufzäumen oder der Spieß umdrehen?
Kombinieren	Was kann ich eventuell kombinieren? Motive, Gruppen, Ideen, Zwecke, Ziele, Lösungen, Belohnungen, Strafen, Ansprüche, Einsatzbereiche, Persönlichkeitseigenschaften?

Die Wahrscheinlichkeit ist groß, dass Sie sich solche Fragen unbewusst ohnehin stellen. Sie bewusst abzuarbeiten, erhöht die Trefferquote nochmals und gibt Ihrem Denken und Suchprozess eine Richtung.

Das Stille-Post-Spiel hat Sie bestimmt schon früh gelehrt, dass sich Geschichten bei mündlicher Weitergabe ohnehin verändern. Daher sollten Sie auch keine allzu großen Hemmungen haben, gute Storys anderer Menschen zu übernehmen. Und wenn Sie aus irgendwelchen Gründen nicht als Erfinder einer Geschichte in Erscheinung treten möchten, leiten Sie diese mit einer Vereinnahmungsformel ein. Dazu gehören zum Beispiel:

- Ich habe gehört, gelesen, gesehen, …
- Ein Freund, Bekannter, Kollege erzählte mir, …
- Im Film, Buch, in der Serie kommt vor, …
- Früher erzählte man sich die Geschichte, …

	**Übungen** • Mit dem Schluss beginnen. Als Einstimmung für die Arbeit mit der Osborn-Liste schlage ich folgende Übung vor: Variieren Sie die Schlussformel in Ihrem E-Mail- und Briefverkehr. Andere Geschichten als die von den freundlichen Grüßen werden Ihnen bestimmt nicht übelgenommen. Es sei denn, Sie arbeiten in einem Unternehmen, das von Storytelling ohnehin nichts wissen will. • Schreiben Sie Geschichten Ihres Lebens um, indem Sie alte Tagebücher hervorkramen und gewisse Episoden neu schreiben.
	**Werkzeugkasten** • Ein übertragbares System. Um gezielt variieren zu können, brauchen Sie ein Modell, eine Mustervorlage. Das haben auch erfolgreiche Musiker, die keine Noten lesen können, oder Schriftsteller, die Creative-Writing-Seminare belächeln. Ohne verinnerlichtes Regelsystem überlassen Sie Variationen dem Zufall. Ob Sie den Story-Check wählen oder ein anderes Modell bevorzugen, ist natürlich Ihnen überlassen. Hauptsache, Sie können im Bedarfsfall auf ein System zurückgreifen.
	**Stolpersteine** • Das Kind mit dem Bad ausschütten. Variieren heißt nicht, an allen Ecken und Enden zu ziehen, sondern mit einzelnen Elementen zu spielen. • Der Glaube, es gäbe so etwas wie ein Original. • Die Angst, des Plagiats bezichtigt zu werden.

1.6 Den eigenen Stil finden

Geschichten sind von Natur aus offen. Daher lassen sie sich auch schlecht mit einem Copyright belegen. Doch es gibt zumindest eine Form, den Kopierschutz wesentlich zu verstärken. Und das ist der Stil. Erst wer den eigenen Stil gefunden hat, kann sich der Austauschbarkeit entziehen und nimmt endgültig Abschied von seinen Vorbildern.

Aber was ist eigentlich Stil? Wenn wir von der Bedeutung des lateinischen Wortes »stilus« ausgehen, meinte man damit das Erkennen eines Schriftstücks anhand des Griffels, mit dem es geschrieben wurde. Also die typische Handschrift eines Meisters. Und obwohl wir Geschichten inzwischen meist mit anderen Schreibgeräten verfassen, geht es nach wie vor um das Typische eines Werks, um seinen Charakter, seine spezifischen formalen Merkmale. So gehört es zum Beispiel zum Stil des Schweizer Schriftstellers Gottfried Keller, Personen indirekt zu beschreiben, indem er seinen Lesern mitteilt, mit welchen Objekten sie sich umgeben, wie sie sich kleiden und wie sie wohnen.

Wie viele Begriffe, die uns geläufig sind und die wir regelmäßig benutzen, lässt sich auch »Stil« nicht genau definieren. Und trotzdem ahnen wir, was mit »Stil« gemeint ist. Vor allem, wenn er fehlt. Daher halte ich an der Beschreibung fest, die ich in meinem ersten Buch »Tausend und eine Macht. Marketing und moderne Hirnforschung« formuliert habe. Sie lautet:

Stil ist die erste Wirkung, die das Zusammenspiel unzähliger Zeichen bei uns auslöst.

Weil sich unser Gedächtnis nach solchen Zeichen orientiert und ordnet, ist unser neuronales System für Erinnerungen stilorientiert, Stil enthüllt den inneren Reichtum. Das meinte vielleicht auch Johann Wolfgang von Goethe, als er sagte:

»Im Ganzen ist der Stil eines Schriftstellers ein treuer Abdruck seines Innern: Will jemand einen klaren Stil schreiben, so sei es ihm zuvor klar in seiner Seele; und will jemand einen großartigen Stil schreiben, so habe er einen großartigen Charakter.«

Mangel an Stil verdirbt deshalb die schönste Kampagne, das innovativste Produkt, die perfekteste Dienstleistung, die spannendste Geschichte. Stil ist fordernd und autoritär. Entweder wir lieben ihn – oder wir lieben ihn nicht. Unser Intellekt muss sich seinen Zeichen unterwerfen, wenn wir ihn wahrnehmen wollen. Erklären lässt er sich nur unter Protest.

Da unser Gehirn keine Sinnlücken duldet und unser Bewusstsein ohne Erklärungen seine Mitte verliert, suchen wir trotzdem nach Anhaltspunkten, ob unsere Geschichten ihren Stil gefunden haben. Ob Marilyn Monroe oder die Heilsarmee, Stil ist an keine bestimmte Geschichte gebunden. Stil ist großartig, auffällig, harmonisch und dauerhaft.

Die Ahnung, dass unser Bewusstsein noch mehr an seine Grenzen stößt, wenn es um das Erlernen von Stil geht, bestätigt sich in der Praxis. Das ist keine gute Nachricht für alle jene, die am Bild des rationalen Menschen festhalten wollen. Aber so ist es eben. Die Entscheidung, was Stil ist, wird nicht getroffen, sie offenbart sich. Zum Lernen gehört also die Schärfung der intuitiven Wahrnehmung, des so genannten Bauchgefühls. Und damit sind wir wieder bei der Kunst des Beobachtens, womit sich der Kreis ganz unverhofft schließt.

> Wenn wir die ersten Anzeichen von Stil spüren, dürfen wir diese Eigenschaften nicht mehr aus den Augen verlieren. Sachte geben wir ihnen mehr Gewicht und achten darauf, ob sie keine Fremdkörper sind, welchen Einfluss sie auf die anderen Elemente haben und wie sie von der Umwelt wahrgenommen werden. Mehr können wir nicht tun. Aber allein das ist schon ganz viel Arbeit.

Der eigene Stil steht am Ende der Meisterschaft

Es ist natürlich kein Zufall, dass die Entwicklung des eigenen Stils am Ende des Weges steht, der zum Meister führt. Denn viele Anfänger, egal in welcher Disziplin, erliegen der Versuchung, gleich alle Regeln zu brechen und mit einem eigenen Stil zu beginnen. Aber da Stilmerkmale Zeugen unserer eigenen Erlebnisse und kollektiver Geschichten sind, geht ein solches Vorpreschen meistens schief. Stil lässt sich nicht erzwingen, sondern ergibt sich. Woody Allen ging nicht mit der Absicht zum Optiker, eine Brille auszuwählen, die ihn unverwechselbar macht und zum Stil eines Stadtneurotikers passt. Aber das überdimensionierte, alles andere als modische Horngestell ist im Laufe der Jahre zu einem seiner Stilmerkmale geworden. Hätte er mit seinem Markenzeichen bewusst ausdrücken wollen, dass man dem überdrehten Hüpfer alles durchgehen lassen muss, könnte man frei nach Goethe sagen: »Man merkt die Absicht, und man ist verstimmt.«

Übungen

- Halten Sie zu Beginn Ihrer Reise zum Meister fest, wie Sie Ihren persönlichen Stil beschreiben würden.
- Stellen Sie unterwegs Veränderungen fest, die eine gewisse Konstanz haben, nehmen Sie diese versuchsweise in Ihr Stilrepertoire auf.
- Googeln Sie »1960er« oder andere Jahrzehnte und klicken Sie auf Bilder. Danach unterscheiden Sie Gefundenes nach den Kriterien »Stil« und »Trend«.

Werkzeugkasten
- Stilratgeber. Bewusst das falsche Werkzeug zu verwenden, kann ebenso nützlich sein wie der häufige Gebrauch eines richtigen. Daher empfehle ich die Anschaffung eines Stilratgebers, von denen es im Buchhandel unzählige gibt. Nach der Lektüre wissen Sie, was Durchschnitt ist und was Perfektion bewirkt.
- Persönliche Sammlung von prominenten und unbekannten Personen, die für Sie Stil repräsentieren.

Stolpersteine
- Mode mit Stil verwechseln.
- Zu früh mit dem eigenen Stil beginnen.
- Bei einem kopierten Stil bleiben.
- Kopiertes durch ungeschickte Veränderungen oder unüberlegte Streichungen zum eigenen Werk machen.

1.7 Den eigenen Weg gehen

Die Lebensgeschichten von Meistern ihres Fachs zeigen uns, dass es auf dem Weg zum Ziel Streckenabschnitte gibt, die alle durchlaufen. Einen Zwang, dies ebenfalls zu tun, gibt es allerdings nicht einmal an Ausbildungsinstituten, wo dies mit Lehrplänen und Bewertungssystemen möglich wäre. Doch wie die Expertiseforschung eindrücklich nachweist, sind außergewöhnliche Leistungen eher möglich, wenn man diesen Königsweg geht. Denn er entspricht der Art, wie das menschliche Gehirn vorgeht, um neue Fertigkeiten zu erwerben. Und weil dieser Weg auch die Bildung differenzierter mentaler Repräsentationen erleichtert, können Sie Geschichten anderer auch effektiver analysieren und mit Ihren eigenen verbinden.

Es ist ein Mythos, dass man mit einer natürlichen Begabung geboren sein muss, um es zum bewunderten Musiker, Sportler, Wissenschaftler, Schachspieler oder Geschichtenerzähler bringen zu können. Auch wenn Talent sicher nicht schadet, führt am intensiven Üben kein Weg vorbei. Und der ist sicher weniger mühevoll, wenn Sie ihn so zeichnen, dass auf ihm auch die Elemente Ihrer Persönlichkeit sichtbar sind. Denn die prägen Ihre Verhaltensmuster und führen letztlich zu Ihrem ganz persönlichen Stil. In diesem Sinne ist der Weg zum Storyteller auch ein Weg zu sich selbst.

Schon sehr früh trennt sich der Weg zum Meister von Routen, auf denen die Massenwanderungen zum optimierten Ich stattfinden. Diese beliebten Touren des

Internetzeitalters mögen noch so verherrlicht werden, letztlich basiert die Teilnahme auf dem verinnerlichten Glaubenssatz »Ich genüge nicht«. Und damit nur wenige von diesem Glauben abfallen, ist das Ziel vermeintlich erreichbar, liegt jedoch auf einer unendlichen Steigerungsspirale. Die Devise »You can get it if you want« übt massiven Druck aus und führt bei der Psyche ebenfalls zu Ermüdungserscheinungen, wenn Anerkennung hauptsächlich vom Applaus der Außenwelt abhängt.

Der wahre Weg zum Meister hingegen beruht auf einem inneren Antrieb. An seinem Beginn stehen die Neugierde und die Begeisterung für eine Idee. Die bewusst getroffene Entscheidung, die Komfortzone zu verlassen und aufzubrechen, erinnert ja nicht zufällig an die Heldenreise. Denn seinen eigenen Stil und damit den heiligen Gral zu finden, setzt die notwendige Energie frei, die es zum Überwinden hoher Hindernisse braucht. Zudem verändert sich auch die Optik beim Beobachten. Vergleiche dienen nicht mehr zur Überprüfung, ob man genügt, sondern zur Beantwortung der Fragen, ob die Richtung noch stimmt, was noch ausprobiert werden könnte und welche Ausrutscher sogar Stil haben. Somit entsteht Spaß am Kopieren und Variieren. Stolperer sind nicht nur erlaubt, sondern sogar erwünscht. Kinder, die laufen lernen, sind noch immer das schönste Beispiel. Letztendlich entwickelt jeder sein eigenes Bewegungsmuster, das ihn unverwechselbar macht.

Abb. 1: Der Weg zum Meister

2 Was ist Storytelling?

2.1 Vier Dimensionen des Storytelling

»›Aber er hat ja nichts an!‹, sagte endlich ein kleines Kind. ›Herr Gott, hört des Unschuldigen Stimme!‹, sagte der Vater; und der Eine zischelte dem Andern zu, was das Kind gesagt hatte. ›Aber er hat ja nichts an!‹, rief zuletzt das ganze Volk. Das ergriff den Kaiser, denn es schien ihm, sie hätten Recht; aber er dachte bei sich: ›Nun muss ich die Prozession aushalten.‹ Und die Kammerherren gingen noch straffer und trugen die Schleppe, die gar nicht da war.«

So endet das bekannte Märchen »Des Kaisers neue Kleider« vom dänischen Schriftsteller Hans Christian Andersen. Und wer die ganze Geschichte kennt, bringt sie auch gerne ins Spiel, wenn die Marketingbranche mit einem englischen Wort alten Wein in neuen Schläuchen verkaufen will. Das trifft bei »Storytelling« durchaus zu, wenn man dem Publikum weismachen will, die Kunst des Geschichtenerzählers sei eben erst erfunden worden. Das ist sie natürlich nicht. Denn wie wir im Folgenden sehen werden, gehört das Verpacken von Informationen in Geschichten zur Grundausstattung des Menschen.

Neu ist hingegen, dass diese menschliche Fähigkeit wieder so viel Aufmerksamkeit bekommt, ins Zentrum der Kommunikationswissenschaft rückt und in all ihren Facetten eingehend beleuchtet wird. Trotzdem wird in vielen Unternehmen noch immer gezischelt, Storytelling sei eine vorübergehende Mode, um die man sich nicht weiter kümmern müsse. Oder nur etwas für Berufsleute, die ihr Geld mit Schreiben verdienen. Weil beides falsch ist, möchte ich in diesem Kapitel darlegen, was es mit Storytelling tatsächlich auf sich hat.

2.1.1 Storytelling als Denkhaltung

»Fühlen, Denken, Handeln: Wie das Gehirn unser Verhalten steuert.« So lautet der Titel eines Buches, das seit seinem Erscheinen 2001 immer wieder neu aufgelegt wird und wesentlich dazu beigetragen hat, dass Hirnforschung inzwischen selbst für die Boulevardpresse ein Thema ist. Verfasst wurde es von Gerhard Roth, der mit seinen Forschungsarbeiten, Medienauftritten und Publikationen viel dazu beitrug, dass sich heute eine breite Öffentlichkeit für die Funktionsweise des menschlichen Gehirns interessiert. Und obwohl der deutsche Biologe und Hirnforscher kein Buch über Storytelling veröffentlichte, begleitet er diesen Crashkurs ungefragt im Hintergrund. Denn als ich mich zu Beginn der 1990er-Jahre durch einen familiären Schicksalsschlag für das faszinierende Reich des menschlichen Gehirns zu interessieren begann, gehörte Gerhard Roth zu den deutschsprachigen Wissenschaftlern, die mir diese neue Welt verständlich näherbrachten.

Mit wesentlichen Erkenntnissen der Hirnforschung bekanntmachen will Sie auch der »Crashkurs Storytelling«. Allerdings werden detailbesessene Leser und Freunde lateinischer Fachausdrücke nur bedingt auf ihre Kosten kommen. Denn für die Praxis ist es nicht notwendig, den neurowissenschaftlichen Hintergrund aller Ausführungen, Übungen und Werkzeuge zu kennen.

Was Sie denken, beeinflusst Ihr Verhalten. Das bestätigen auch die Forschungsarbeiten der Neurowissenschaftler. Streiten lässt sich darüber, ob die Zusammenhänge so sind, wie sie Lebensratgeber, Vertreter der Positiven Psychologie, Motivationstrainer und Persönlichkeits-Coaches allzu einfach darstellen. Aber da dieser Streit häufig zu Glaubenskriegen ausartet, halten wir uns besser raus.

Wenn Sie denken, dass der Mensch in erster Linie von der Vernunft gesteuert wird und lieber Fakten als Geschichten hat, dann werden Sie kaum alle Möglichkeiten des Storytelling ausschöpfen können. Gehen Sie jedoch davon aus, dass Ihr Gehirn komplexe Informationen automatisch in Form von Geschichten verarbeitet, werden Sie künftig anders kommunizieren und viele Tipps in diesem Buch befolgen. Friedrich Nietzsche brachte es auf den Punkt, als er sagte: »Den Stil verbessern, heißt den Gedanken verbessern.«

2.1.2 Storytelling als Sichtweise

Wenn Sie sich intensiv mit der Kunst des Geschichtenerzählens beschäftigen, entscheiden Sie sich auch für eine bestimmte Art, die Welt zu betrachten. Als Storyteller gehen Sie davon aus, dass nicht nur Menschen Geschichten erzählen, sondern auch Tiere, Pflanzen, Himmelserscheinungen und unbelebte Objekte. Sie glauben daran, dass Ihnen alles Wahrnehmbare in irgendeiner Form eine Geschichte darbietet. Daher denken Sie darüber nach, welche Geschichte Ihnen ein Unternehmer erzählt, dessen Anrufnummer unterdrückt ist, wenn Sie auf Ihr Telefon schauen. Sie nehmen Autos so wahr wie die Macher des Animationsfilms »Cars« und können Ihr Publikum deshalb besser unterhalten als Menschen, denen ein Kühlergrill, eine Sportfelge oder ein Fuchsschwanz am Rückspiegel keine Geschichte erzählt. Und es ist deshalb kein Zufall, dass Aspekte der menschlichen Physiognomie beim Autodesign inzwischen eine wichtige Rolle spielen.

Meister ihres Fachs wie Steven Spielberg, George Lucas, Woody Allen oder die Drehbuchschreiber bei Netflix sehen Geschichten, wo andere nur stumme Objekte wahrnehmen. Und sie haben auch ein Faible für Religionen, in denen die Götter ausgesprochen menschliche Züge tragen. Mit der Sichtweise des Storytellers können Sie den Baustopp verstehen, der 2013 in einem Vorort von Reykjavík verfügt wurde, damit die Elfen weiterhin ihren gewohnten Weg gehen konnten.

In den Lehrbüchern der Wahrnehmungspsychologie sucht man die Begriffe »Geschichte« oder »Story« bislang vergeblich in den Sachwortregistern. Aber aktuelle Forschungsarbeiten haben gezeigt, dass es neue Perspektiven eröffnet, wenn man auch untersucht, welche Geschichten Probanden bei der Wahrnehmung unbelebter Objekte in den Sinn kommen. Denn aus Geschichten ziehen wir auch Schlüsse über die Vergangenheit und Zukunft. Wenn Sie auf einem Spaziergang einen Kirschbaum betrachten, dessen Früchte starke Eindellungen haben, weckt dieser Anblick vielleicht die Erinnerung an ein erlebtes Hagelwetter und Ihr Mitleid, dass der Händler beim Verkauf der Kirschen wohl mit Einbußen rechnen muss.

Ob Ihre Interpretation der wahrgenommenen Geschichte wahr ist, spielt für den neuronalen Vorgang keine Rolle. Zumal Sie wie in einem Theater ohnehin nur einen kleinen Teil dessen wahrnehmen, was hinter den Kulissen passiert. Aber wenn Sie die Gesetze kennen, nach denen Ihr Gehirn die Welt wahrnimmt, können Sie grobe Fehlinterpretationen minimieren und bei der Wahl passender Kulissen und Requisiten mehr punkten.

2.1.3 Storytelling als Methode

Wahrscheinlich gehen Sie bei den meisten Ihrer Ziele methodischer vor, als Sie denken. Denn ohne mehr oder weniger planmäßiges Handeln überlassen Sie das Überschreiten der Ziellinie dem puren Zufall. Da die Götter im alten Griechenland ohnehin in jeden Plan hineinpfuschten, gaben sich die damaligen Menschen damit zufrieden, dass »methodos« lediglich »nachgehen«, »verfolgen« bedeutet.

Dieses Verständnis ist für heutige Pädagogen, Wissenschaftler oder Unternehmensberater natürlich ein Albtraum. Denn wo nicht daran glaubt wird, dass der schnellste Weg zum Ziel keine Struktur aufweist, braucht es auch keine Experten. Diese nehmen deshalb beruhigt zur Kenntnis, dass systematische Vorgehensweisen selbst dort eine hohe Akzeptanz genießen, wo die Methodenvielfalt fast unübersehbar ist.

Zweifel gibt es jedoch noch immer bei Fertigkeiten, die sich der Mensch schon als Kind und meist intuitiv angeeignet hat. Wer als Fußballtrainer den jüngsten Nachwuchstalenten ein System beibringen will, muss damit leben können, dass ihm diese mit breiter Brust »Ich kann das schon!« antworten. Und Schneeballschlachten werden auch nicht nach einer angelesenen Methode ausgeführt. Daher könnte ich durchaus verstehen, wenn Besucher dieses Crashkurses Storytelling nicht als Methode, sondern als Beschreibung einer Kommunikationsform sehen.

Wie man gute Geschichten findet und erfindet, beruht nicht nur auf Intuition. Es gibt Methoden, mit denen man bewusst und systematisch an die Sache herangehen kann. Dabei ist der Plural mit Absicht gesetzt. Denn wie bei anderen Fertigkeiten auch, gibt es selbstredend nicht nur einen Weg, der zum Meister führt. Und wenn Sie die vorgeschlagene Methode abwandeln, ergänzen oder als Blaupause für eine neue sehen, erhalten Sie von mir statt einer Schelte ein großes Kompliment.

Zu den zahlreichen Vorteilen einer Methode gehört die Entwicklung einer gemeinsamen Sprache. Vor allem in Tätigkeitsbereichen, bei denen persönlicher Geschmack oft als unwiderlegbares Argument gilt. Aber wer jeden Tag vor einem Stapel Manuskripte sitzt und diese bewerten soll, kann seine Wahl nicht nur mit Daumen hoch oder runter begründen. Der Weltbestseller Harry Potter von Joanne R. Rowling wurde von allen großen britischen Verlagshäusern abgelehnt. Nach welcher Methode das Manuskript geprüft wurde, weiß ich nicht. Aber die Begründungen, er sei zu lang, nicht kommerziell genug und nicht politisch korrekt, deuten nicht unbedingt darauf hin, dass dieser fatale Fehler aufgrund einer wiederholbaren und einfach zu vermittelnden Methode geschah.

Es gibt natürlich keine Garantie, dass die Manuskriptprüfer die Qualität von Rowlings Geschichte einer Schule für Zauberei mit dem Story-Check (vgl. Kapitel 3) erkannt hätten. Aber sie nach dieser Methode zu beurteilen, hätte zumindest die Diskussion erleichtert, eventuelle Schwachstellen zum Vorschein gebracht und die Stärken leichter erkennen lassen.

Storytelling als Methode lässt Geschmacksfragen in den Hintergrund treten oder bringt sie auf eine Ebene, wo Argumente mehr zählen als persönliche Bauchgefühle. Und wer gute Geschichten schneller erkennt, hat sicher einen Wettbewerbsvorteil gegenüber seinen Konkurrenten im Publikum.

2.1.4 Storytelling und die Funktionsweise des menschlichen Gehirns

Hätte mein Biologielehrer mehr von Informatik verstanden, wäre seine Antwort auf meine Frage, was den Menschen vom Tier unterscheidet, wohl eine andere gewesen. Aber da während meiner Gymnasialzeit noch niemand von künstlicher Intelligenz oder neuronalen Netzwerken sprach, lernte ich noch, dass uns der aufrechte Gang, ein großes Gehirn, Backenzähne mit großen Mahlflächen, eine lange Kindheit, gut ausgebildete Schweißdrüsen und vor allem die Sprache von den Tieren abhebt. Letzteres Merkmal musste ich während meines Germanistikstudiums wieder von der Liste streichen, als ich ein Seminar über die Zeichensprache von Schimpansen und Gorillas besuchte. Geblieben ist mir jedoch, wie der Professor in einem Nebensatz bemerkte, der gelehrige Affe könne zwar Objekte benennen, aber keine Geschichten erzählen.

Erstaunlich ist, dass diese wichtige Beobachtung auch ein halbes Jahrhundert später kaum die verdiente Aufmerksamkeit erhält. Denn dass wir Menschen große Informationsmengen in Geschichten verpacken, gilt zumindest unter Vertretern der künstlichen Intelligenz als evolutionärer Geniestreich. Offenbar gibt es keine effizientere Methode der Datenverarbeitung, als Informationseinheiten in Geschichten zu verwandeln. Das wird schnell deutlich, wenn wir Geschichte durch Programm ersetzen und überlegen, was im Anforderungsprofil für eine ideale Software steht. Dort würden wir lesen, dass ein solches Programm ...

- große Datenmengen verarbeitet,
- Informationen verdichtet,
- möglichst wenig Energie verbraucht,
- leicht erlernbar ist,
- sichere Orientierung ermöglicht,

- einheitliche Grundbefehle hat,
- Wechsel zu anderen Programmen erlaubt,
- individuelle Arbeitsstile der Benutzer akzeptiert,
- Fehler zulässt und trotzdem stabil ist,
- mit geringem Aufwand weiterentwickelt werden kann,
- an verschiedenen Orten einsetzbar ist,
- bei Teilausfällen funktionstüchtig bleibt,
- wenig Speicherkapazität beansprucht und
- Mehrdeutigkeit zulässt.

Wenn Sie die Gelegenheit haben, diese Liste einem Softwareentwickler vorzulegen, dürfen Sie nicht erschrecken, wenn ihm die Tränen kommen. Denn trotz der rasanten Entwicklung der letzten Jahre, sind künstliche Sprachprogramme noch weit von diesem Anforderungsprofil entfernt.

Das Gehirn funktioniert eben nicht wie ein Computer, wie abschließend an folgender Geschichte gezeigt werden soll:

> Als seine Mutter ins Zimmer trat, hörte Peter sofort mit dem Schluchzen auf, schaute gelangweilt auf das Poster über seinem Schreibtisch und summte seinen momentanen Lieblingssong. Doch sie kannte ihren Sohn zu gut, um seine wirkliche Stimmung nicht mitzubekommen. Und als sie ihn fragte, was der Vater zum abgebrochenen Schlüssel meinte, erwiderte Peter: »Nichts!« Er sagte nur: »Das hast du gut gemacht.«

Denn kaum sind die 62 Wörter der »Peter-Geschichte« in unser Gehirn eingedrungen, beginnt dort die Suche nach Mustervorlagen, die dem Zeichenwirrwarr einen Sinn geben. In Sekundenschnelle wird in den verschiedensten Hirnarealen nach Kurzgeschichten geforscht, in denen die vernommenen Zeichen von Bedeutung waren. Und ist in Peters autobiografischem Gedächtnis gespeichert, dass der Vater nicht immer meint, was er sagt, wird er sogar die Ironie am Schluss verstehen.

2.2 Was zeichnet eine gute Geschichte aus?

Es macht wenig Sinn, einen Crashkurs zu besuchen, ohne das Ziel zu kennen. Daher erfahren die Teilnehmer eines Tangokurses für Anfänger auch gleich zu Beginn, was die Meister unter einer perfekten Umsetzung der verschiedenen Schritte verstehen.

In seinem Roman »El tango de la Guardia Vieja«, deutsch »Dreimal im Leben«, beschreibt der spanische Schriftsteller Arturo Pérez-Reverte auf ebenso spannende wie bildhafte Art, auf welche moralischen Abgründe und ungeahnte Begierden sich eine verheirate Frau einlässt, um den argentinischen Tango in seiner ursprünglichen Form zu lernen. Denn ihr Liebhaber macht der faszinierenden Schönheit aus gutem Haus klar, dass der in ihren Kreisen getanzte Tango eine andere Geschichte erzählt. Die Sowohl-als-auch-Haltung ist nicht für jedes Lerngebiet geeignet. Daher sollen in diesem Kapitel Annahmen besprochen werden, von denen ein Storyteller bei seiner Arbeit ausgeht. Was versteht er unter einer guten Geschichte? Welche Zutaten sind empfehlenswert und welche sollte er meiden?

2.2.1 Mehrheitsentscheidung des Publikums

Bei der Bewertung einer Geschichte geht dieser Crashkurs nicht davon aus, ob sie den vagen Kriterien eines einzelnen Kritikers genügt. Gut ist eine Geschichte, wenn sie der Mehrheit des Publikums gefällt, an die sie gerichtet ist. Oder etwas wissenschaftlicher ausgedrückt: Wenn sie von einem neuronalen Datenverarbeitungssystem so wahrgenommen und gespeichert wird, dass wesentliche Teile bei Bedarf wieder abgerufen werden können. Oder in der saloppen Art eines Wilhelm Busch gesagt: »Was beliebt, ist auch erlaubt.«

Diese »Definition« einer guten Geschichte ruft natürlich all jene auf den Plan, die inhaltliche Kriterien geltend machen wollen. Aber weil die Verwechslung von Hammer und Nagel nicht nur schmerzhaft sein kann, sondern auch gerne zu unlösbaren Missverständnissen führt, gehe ich in Kapitel 2.2 auf so heikle Begriffe wie Wahrheit, Moral, Ideal und politische Korrektheit ein. Denn in diesem Crashkurs soll nicht geklärt werden, welche Botschaften der Leser erzählen darf, sondern wie Botschaften vermittelt werden müssen, damit diese beim Publikum ankommen.

Der Crashkurs gibt Ihnen mit dem Story-Check ein Werkzeug in die Hand, mit dem Sie Nägel, sprich Informationen, so einschlagen können, dass sie noch sichtbar sind und trotzdem halten. Aber es liegt einzig und allein in Ihrer Verantwortung, welche Botschaften Sie welchem Publikum vermitteln wollen. Weshalb Stephan Grühsem, PR-Manager des Jahres 2014 und Leiter Konzernkommunikation Volkswagen, das Unternehmen im September 2015 verließ, wissen wir nicht. Aber vielleicht wollte er mit seinen Werkzeugen einfach Nägel mit einer anderen Legierung einschlagen.

Kein großer Freund von Lebensratgebern der Sorte »You can get it if you want it«, teile ich dennoch die Ansicht von Reinhard K. Sprenger, dass wir letztlich das sind, wofür wir uns bereit erklären, die Verantwortung zu übernehmen. Aber weil das eine höchst individuelle Angelegenheit ist, soll dieses Thema in einem Crashkurs für Storytelling höchstens zwischen den Zeilen zu Wort kommen.

2.2.2 Möglichkeiten statt Moralin

Was beim Publikum ankommt, können Sie auf Bestsellerlisten sehen, von denen es im Internet unzählige gibt. Und wenn Sie sich an denen orientieren, die auf Verkaufszahlen gründen, sind die Fehler durch sozial genehme Antworten wesentlich kleiner. Wenn Sie nachforschen, welche Kinderbücher zu den Longsellern gehören, werden Sie wahrscheinlich auch auf Ihre Lieblingstitel stoßen. Und das sind wohl kaum jene, die das Label »pädagogisch wertvoll« tragen. Denn schon als Kinder mögen wir lieber Einblicke in Möglichkeitswelten als schlecht getarnte Knigge-Fibeln.

Selbstverständlich haben Geschichtenerzähler wie Astrid Lindgren, Otfried Preußler, Lewis Caroll, Mark Twain, Enid Blyton, Michael Ende oder Erich Kästner ebenfalls den Wunsch, dass ihr Publikum positive Tugenden und Werte ihrer Helden teilen oder übernehmen. Aber die Autoren von Lieblingsbüchern gehen davon aus, dass Menschen moralisches Verhalten aus beispielhaften Geschichten extrahieren, wenn ihnen verschiedene Möglichkeiten aufgezeigt werden. Und wie wir beim Story-Check sehen werden, gehört zu diesen Möglichkeiten auch die Faszination des Bösen und der Kampf dagegen.

»Beschreiben statt Belehren« und »Erzählen statt erklären« lauten die Formeln, nach denen Storyteller Werte und wichtige Botschaften vermitteln. Deshalb sagt Steven Spielberg in einem Interview zu seinem Film »BFG«: »Kinder wollen nicht, dass du die Geschichte für sie interpretierst. Sie wollen, dass du ihnen die Worte einfach vorliest und dich zurückhältst.« Und weil Steven Spielberg seinen Kindern das Buch »The BFG« von Roald Dahl immer und immer wieder vorlas, wusste er bei der Verfilmung, an welchen Stellen Kinder kichern, lächeln, erschaudern.

Jahrelange Sozialisierung durch Bildungsinstitute hinterlassen bei jedem Menschen tiefe Spuren und prägen deshalb unsere Verhaltensweisen oder Denkmuster, wenn wir schon lange erwachsen sind. Daher fällt es vielen Geschichtenerzählern so schwer, auf moralische Belehrungen zu verzichten.

Aber jeder Film- und Bücherliebhaber weiß, wie gekonnt Regisseure und Autoren unsere Gefühle und damit Interpretationen manipulieren können, womit wir bei einem weiteren Reizwort sind, das einer Erklärung bedarf.

2.2.3 Manipulieren ist menschlich

Nach wochenlanger Suche auf verschiedenen Plattformen ist es für Karsten (22) endlich so weit. Er hat ein Date. Und was für eines. Entweder sind Bild und Lebenslauf seiner neuen Traumfrau gefakt oder sie verdient tatsächlich schon mächtig Kohle mit Modeln und wird ihm mit Idealmaßen gegenübersitzen. Um das Date nicht zu versieben, war Karsten noch auf Shoppingtour, verkürzte die durchschnittliche Besuchskadenz beim Friseur und putzte sich entgegen seinem üblichen Tagesablauf sogar am Abend die Zähne.

Manipuliert Karsten den Ausgang seines Dates, wenn er mit frischem Atem zum vereinbarten Treffpunkt geht, obwohl er sich normalerweise mit der frühmorgendlichen Mundhygiene zufriedengibt? Oder dürfen wir nur von Manipulation sprechen, wenn der beeinflusste Mensch einen ökonomischen oder sittlichen Schaden erleidet? Etwas gestelzt lautet eine solche Auffassung bei Wikipedia: »Von Manipulation eines Menschen spricht man dann, wenn die Annahme eines Identifikationsangebots oder einer Ware und Dienstleistung nicht zum Vorteil eines Menschen, sondern zu seinem Nachteil führt.«

Wenn ich bei angehenden und gestandenen Marketingfachleuten über das Werkzeug Storytelling spreche, sorge ich bei einigen Zuhörern jeweils für Aufregung, indem ich die unzähligen Definitionen von Marketing folgendermaßen zusammenfasse:

> Marketing ist die Beeinflussung menschlichen Wahlverhaltens mit dem Ziel, dass der andere mein Produkt, meine Dienstleistung oder meine Idee kauft. Und zwar zu dem Preis, den ich dafür bestimme.

Da ich unter »Preis« nicht nur monetäres Entgelt, sondern auch Aufmerksamkeit, Zeit und ähnliche Tauschwaren verstehe, kann diese Auffassung von Marketing natürlich auch für die Beeinflussung durch Geschichten gebraucht werden.

Die Gegner manipulativer Praktiken in Vertrieb, Werbung und Propaganda sind der Meinung, manipulierte Menschen würden nicht aus eigener Einsicht, sondern fremdbestimmt handeln. Aber dieser Ansicht kann nur sein, wer den Glauben teilt, menschliches Verhalten werde primär von der Vernunft, vom bewussten Ich gesteuert. Doch seit wir dem Gehirn beim Arbeiten zusehen können, wissen wir, dass dem nicht so ist.

Geschichtenerzählern, die sich gegen den Vorwurf der Manipulation wehren müssen, empfehle ich den Griff zu Knaurs Wörterbuch, Ausgabe 1985. Denn dort heißt es schlicht: »Manipulation ist entweder ein Gerät etc. geschickt handhaben oder auch etwas oder jemanden in die gewünschte Richtung lenken; beeinflussen, steuern.«

Es sei unbestritten, dass uns die Werbeindustrie zum Kauf von Dingen beeinflusst, von denen wir lieber die Finger lassen sollten – sei es uns, der Umwelt oder einem ausgeglichenen Budget zuliebe. Aber es ist eine Form von Sippenhaftung, wenn man deshalb alles nach Werbung Duftende der unfairen Manipulation bezichtigt.

Dieser Crashkurs geht davon aus, dass Geschichten das Publikum beeinflussen und deshalb Gefühle wecken wollen. Gefühle, die es dem Zuhörer erleichtern, Sympathie für mein Produkt, meine Dienstleistung oder meine Ideen und Werte zu empfinden.

Doch weil man sich mit diesem Ansatz eher anfreunden kann, wenn geklärt ist, was es mit der Wahrheit auf sich hat, soll nun auch davon die Rede sein.

2.2.4 Wahrscheinlich, aber nicht wahr

»Erzählen Sie Ihrem Publikum keine Wahrheiten, sondern Geschichten, an die es glauben kann und will.« Mit dieser Empfehlung schaffe ich es bei jedem Referat oder Workshop, auf Widerstand zu stoßen. Und anhand der Teilnehmerliste kann ich bereits voraussagen, wie heftig und zahlreich die Entgegnungen sind. So war ich nicht erstaunt, dass ein Seminar bei einem öffentlich-rechtlichen Fernsehsender in Deutschland aus dem Ruder zu laufen drohte, als ich meinen Tipp an die Leinwand beamte. Ähnliche Erfahrungen mache ich bis heute, wenn ich Fundraisern, Wissenschaftlern oder Sozialarbeitern die Kunst des Geschichtenerzählens näherbringen will.

Um ein fatales Missverständnis gar nicht erst aufkommen zu lassen, möchte ich deutsch und deutlich festhalten:

Meine Empfehlung ist kein Aufruf zum Lügen. Aber den gängigen Wahrheitsbegriff zumindest zu hinterfragen, ergibt bessere Geschichten.

Wahrheit ist ein Begriff des Bewusstseins, mit dem wir verschiedene Vorstellung verbinden. Zum Beispiel die Wahrheit der Kindheit, die das Wissen ist, welches wir uns in den ersten Lebensjahren aneignen. Das ist zwar viel, aber vergänglich und ersetzbar. Je nach Situation, Gefühlslagen oder Lebensalter kommt es zu beträchtlichen Verschiebungen.

Kulturelle Wahrheiten sind Begrifflichkeiten, die uns ebenfalls prägen, unsere Identität beschreiben und gegen äußere Einflüsse resistent machen. Und als soziale Wesen müssen wir ein Minimum von diesen Wahrheiten mit denen teilen, auf die wir angewiesen sind.

Wahrheit ist aber auch ein Werkzeug, das wir gebrauchen, um einer Aussage mehr Gewicht zu verleihen. Verbinden wir ein Vorstellungsbild oder eine Meinung mit dem Hinweis auf Wahrheit, erhöht dies unsere Überzeugungskraft. Die vier Worte »Nach einer wahren Begebenheit« betrachten wir als Qualitätsmerkmal.

Wenn unsere Vorstellung einer Sache mit dem Wahrgenommenen übereinstimmt, bezeichnen wir dies als Wahrheit. »Draußen scheint die Sonne« ist wahr, wenn draußen tatsächlich die Sonne scheint. Eine solche Auffassung von Wahrheit ist alltagstauglich, erspart uns weitere Diskussionen und hilft uns dabei, Ordnung in unser Leben zu bringen. Aber hilfreicher für die Kunst des Geschichtenerzählens ist das Wissen, wie unser Gedächtnis Informationen speichert. Denn es fragt nicht nach der Wahrheit, sondern nach der Wahrscheinlichkeit, ob sich Neues mit Altem verträgt und ob sich die Verarbeitung eines Informationspakets lohnt.

Für unser Gedächtnis zählt nicht Wahrheit, sondern Wahrscheinlichkeit

Bei Wahrscheinlichkeitsrechnungen begeben sich mathematische Banausen auf dünnes Eis. Ich betrete es trotzdem, weil ein minimales Verständnis allzu starke Faktenverliebtheit verhindert und die Erklärungen des 1988 verstorbenen Nobelpreisträgers Richard P. Feynman auch für Laien nachvollziehbar macht. Feynman sieht in einer Wahrscheinlichkeitsrechnung drei Elemente: einen Ratenden, eine Frage mit ungewisser Antwort sowie Hinweise, deren Entdeckung uns eine Antwort als empfehlenswert erscheinen lässt. Und genau nach diesem Prinzip funktioniert unser Gehirn. Zwar nicht fehlerfrei, aber doch so gut, dass wir (bis jetzt) überlebt haben und sogar immer älter werden.

Im Gehirn sitzen Milliarden Nervenzellen am Tisch der menschlichen Bewertungs-Jury und belohnen Effektivität mehr als Vollkommenheit. Ein vertretbares Kosten-Nutzen-Verhältnis steht über purer Qualität. Die Ratenden, in unserem Fall die Nervenzellen, müssen jede neue Information, die anfangs immer eine offene Frage ist, in Windeseile mit Ja oder Nein beantworten. Alles – oder nichts. Nützt – oder nützt nicht, Verbindungen möglich – oder nicht, Weitergabe empfehlenswert – oder nicht. So einfach dieses Prinzip klingt, so unvorstellbar komplex ist der Weg bis zur Antwort.

Im Gehirn gibt es keine oberste Zentrale, keinen Alleinherrscher und keine Vollversammlungen. Die Entscheidungsgremien sind überall zu Hause und werden bei jeder Anfrage neu miteinander verbunden. Da dies wertvolle Energie kostet, geht es bei dieser Wahrscheinlichkeitsberechnung nur darum, ob sich der Aufwand für Informationsaufnahme und -speicherung überhaupt lohnt. Stellt sich später heraus, dass dem nicht so ist, korrigiert es nach. Und falls dies dummerweise nicht möglich ist, wird der Fehler unter »Pech gehabt« abgehakt. Oder unter evolutionäres Streichresultat.

Gut möglich, dass Sie von meiner Empfehlung, keine Wahrheiten zu erzählen, sondern Geschichten, an die Ihr Publikum glauben kann und will, noch immer nicht überzeugt sind. Aber die Erfahrung zeigt, dass die Überzeugung im Laufe der praktischen Arbeit zunimmt. Oder mit dem Wissen, das Sie sich vielleicht zusätzlich über die Funktionsweise des menschlichen Gehirns aneignen.

Zu guter Letzt noch ein Friedensangebot an alle Widerständler: Wahrheit ist ein Synonym für hohe Wahrscheinlichkeit.

2.3 Storytelling und die Wissenschaft

Storytelling ist so wenig eine Wissenschaft wie Fußballspielen oder andere Aktivitäten. Aber gerade der Leistungssport zeigt, dass Spitzenleistungen eher möglich sind, wenn man sich die Erkenntnisse der Wissenschaft zunutze macht. Welchen

Disziplinen das Storytelling besondere Aufmerksamkeit schenken sollte, hängt natürlich auch vom Ansatz und Ziel ab. Storytelling als Denkhaltung, Sichtweise, Werkzeug und Analyseinstrument interessiert sich vor allem für Beiträge von Forschern, die in folgenden Bereichen arbeiten: Künstliche Intelligenz, Kommunikation, Datenverarbeitung, Neurobiologie und -psychologie, Wahrnehmungs-, Kognitions- und Verhaltenspsychologie, Soziologie, Semiotik, Medien- und Theaterwissenschaft, Neuroökonomie und Marketing.

Wer an einem Crashkurs teilnimmt, möchte kaum ausschweifende wissenschaftliche Erklärungen, weshalb er so oder so vorgehen muss. Daher hoffe ich auf Ihr Verständnis, wenn ich besonders Neugierige auf das Literaturverzeichnis verweise. Ich erlaube mir auch Verkürzungen und Vereinfachungen, die Liebhabern von Sachbüchern vielleicht aufstoßen. Das könnte bereits der Fall sein, wenn ich im Folgenden aufzeige, von welchen menschlichen Verhaltensweisen, Wünschen und Ängsten ein Storyteller ausgeht.

2.3.1 Was Menschen wollen

In Lehrbüchern für Drehbuchschreiber, Texter oder Redner findet sich häufig der Ratschlag, sich die Zielgruppe vorzustellen und diese zu charakterisieren. Das ist an sich keine dumme Idee, aber in der Praxis nicht so leicht umsetzbar. Zudem haben selbst Anfänger bereits verinnerlicht, dass es nützlich sein kann, Vorwissen, kulturelle Hintergründe, geschlechterspezifische Eigenheiten oder Altersstufen zu berücksichtigen. Doch darum geht es vorderhand nicht. Ein Geschichtenerzähler weiß, dass es überzeitliche und überregionale Faktoren gibt, denen er Rechnung tragen muss. Das so genannte allgemein Menschliche ist es, was ihn vor allem anderen interessiert. Dieses Wissen eignet er sich im vollen Bewusstsein an, dass es immer Ausnahmen gibt und selbst die beste Geschichte nie alle im Publikum erreichen kann. Dies anzustreben, kann ich ohnehin niemandem empfehlen. Meist gebe ich mich inzwischen mit einfachen Mehrheiten zufrieden.

Was Menschen wirklich wollen, gehört zu den Fragen, auf die es unzählige Antworten gibt. Die folgende Zusammenstellung ist deshalb weder vollständig noch wissenschaftlich abgesegnet. Zudem gibt die Reihenfolge keine Gewichtung oder Verbreitung des Wunsches wieder. Trotzdem kann ein gelegentlicher Blick darauf beim Finden und Erfinden einer guten Geschichte nützlich sein. Und wenn Sie die Aufzählung mit eigenen Beobachtungen ergänzen und so gewichten, wie Sie es für richtig halten, umso besser. Was bei einer Ausrichtung nach dem gewichtigsten Kritiker herauskommen kann, haben Sie ja vielleicht schon im Deutschunterricht erlebt. Bei mir waren das jedenfalls nicht die besten und eigenständigsten Geschichten.

1. Palette menschlicher Wünsche

Wie die folgende Aufzählung zeigt, ist die Palette menschlicher Wünsche so groß, dass Sie bestimmt einige beliebte Farbtöpfe finden, in die Sie Ihre Schreibpinsel stecken können.

Menschen wollen ...

- Kontrolle über das Ungewisse haben.
- beachtet und geliebt werden.
- eigene Entdeckungen machen.
- alte Werte und Erinnerungen genießen.
- besser sein als andere.
- den Traum der Familie leben.
- zu einer Gruppe gehören.
- Spiel, Spaß und Spannung haben.
- Zeit gewinnen und sparen.
- die größten Stücke bekommen.
- das Beste aus sich machen.
- begehrt werden und Erotik erleben.
- dem Brut- und Pflegetrieb frönen.
- ewige Jugend und Unsterblichkeit ergattern.
- Hilfe für den Neuanfang erhalten.
- klug und intelligent sein.
- faulenzen und bedient werden.
- ohne Gefahr auf der Bühne stehen.
- reich werden ohne viel Aufwand.
- immer wieder sich selbst sehen und hören.
- Freiheit und Auswahl haben.

2. Erweiterte Bedürfnispyramide

Was Ihren Blick für menschliche Verhaltensweisen ebenfalls schärfen kann, ist eine Erweiterung der berühmten Bedürfnispyramide von Abraham Maslow. Ich habe dessen allgegenwärtige Pyramide leicht abgewandelt, weil der 1970 verstorbene amerikanische Psychologe den prägenden Erlebnissen der Kindheit und Pubertät zu wenig Aufmerksamkeit schenkt.

Bedürfnis nach	Was dazu gehört
Anerkennung	Neid, Prestige, Bedeutung, Ehrgeiz, Eitelkeit, Selbstbewusstsein, Erfolg, Respekt, Leistung, Macht, Wertschätzung, Vornehmheit, Auszeichnung, Fortschritt, Wettbewerb, Sieg, Status, Individualität, Karriere, Beförderung, Stolz, Überlegenheit
Sicherheit	Besitz, Zuverlässigkeit, Risikoarmut, Stabilität, Schutz, Vertrag, Garantie, Vertrauen, Nachweis, Solidität
Neugier	Entdeckung, Spiel, Suche, Erfahrung, Forschung, Interesse, Experiment, Entwicklung, Geheimnis, Frage, Revolution
Anlehnung, Kontakt	Gruppe, Beitritt, Zugehörigkeit, Hilfe, Umwelt, Sympathie, Zusammenarbeit, Herzlichkeit, Freundlichkeit, Beliebtheit
Erwerb	Einkommen, Nutzen, Wirtschaftlichkeit, Besitz, Geld, Anlage, Beteiligung, Sparen, Gewinn, Reichtum
Liebe	Jugend, Anziehung, Verführung, Erotik, Zuneigung, Faszination, Männlichkeit, Weiblichkeit
Bequemlichkeit	Komfort, Trägheit, Ruhe, Vereinfachung, Entspannung, Erholung, Entlastung, Wohlbefinden, Annehmlichkeit, Betreuung
Gesundheit	Sport, Spiel, Fitness, Lebenshaltung, Nahrung, Medizin, Entspannung, Kur, Krankheitsverhütung

Sowohl die Palette menschlicher Wünsche als auch die erweiterte Maslow-Pyramide präsentiere ich Ihnen nicht, damit Sie in einer Geschichte möglichst viele dieser Wünsche und Bedürfnisse aufnehmen. Wie Sie im Story-Check sehen werden, geht es in einer guten Geschichte vielmehr darum, sich auf ein Haupt- und wenige Nebenthemen zu konzentrieren. Meine Zusammenstellung soll Sie einfach davor bewahren, Geschichten von und an Menschen zu erzählen, die es nicht gibt.

2.3.2 Was Menschen kaufen

Eine Geschichte als Ware zu bezeichnen, raubt ihr ein bisschen den Zauber, ist jedoch trotzdem legitim. Denn eine Geschichte ist ebenfalls ein materielles Wirtschaftsgut, das produziert wird und einen bestimmten Wert hat. Zudem gibt es auch für Geschichten einen Markt, auf dem die Regeln von Angebot und Nachfrage zur Anwendung kommen. Es macht daher Sinn, sich in Erinnerung zu rufen, was Menschen kaufen und wofür sie gewillt sind, einen Preis in Form von Aufmerksamkeit, Zeit oder Geld zu bezahlen.

Kaufmotiv	Mögliche Bedeutungen für das Storytelling
Nutzen und nicht Attraktionen	Je größer die Begeisterung für eine Idee, desto eher sollten Sie sich fragen, ob deren Aufnahme in die Geschichte dem Leser wirklich etwas bringt.
Versprechungen. Also Vorsicht!	Da nicht eingelöste Versprechen zu Enttäuschungen führen, darf Ihre Geschichte keine Erwartungen wecken, die sie nicht erfüllt.
Glaubwürdigkeit	Mit der Glaubwürdigkeit Ihres Personeninventars dürfen Sie spielen, wenn dies der Story dient. Aber Ihre Geschichte als Ganzes muss glaubwürdig sein.
Lösungen für Probleme	Spätestens am Ende einer Geschichte müssen Sie dem Publikum mindestens eine Lösung für das Hauptproblem liefern, mit der es leben kann. Oder auf eine baldige Fortsetzung verweisen.
Angestellte, Kundendienst, Urheber	Wer Ihre Geschichte weitergibt, können Sie schlecht steuern. Trotzdem sollten Sie es nicht nur dem Zufall überlassen. Denn das Umfeld, in dem eine Geschichte erzählt wird, beeinflusst deren Aufnahme.
Reichtum, Sicherheit, Liebe, Anerkennung	In einer Geschichte darf natürlich auch von den dunklen Seiten der Menschen, von Verlierern und Verlorenen die Rede sein. Aber nicht nur.
Die Meinung anderer über das Produkt	Kritiker sind nicht nur Feinde, sondern können auch für Aufmerksamkeit sorgen und deshalb Freunde sein.
Garantie, Reputation, der gute Name	Je größer die Reputation eines Geschichtenerzählers, desto mehr Experimente kann sich dieser erlauben.

Kaufmotiv	Mögliche Bedeutungen für das Storytelling
Erwartungen	Wenn Sie die Erwartungen des Publikums kennen, können Sie diese eher erfüllen und übertreffen.
Einleuchtende Behauptungen	Behauptungen, die keinen Sinn ergeben oder Drohgebärden sind, wecken Widerstand und sind deshalb zu vermeiden.
Hoffnung für die eigene Zukunft	Gestalten Sie das Happy End so, dass es der Leser auf sein eigenes Leben übertragen kann.
Markennamen	Wer es mit seinem Namen als Geschichtenerzähler zu einem Brand geschafft hat, darf mehr Fehler begehen als andere. Zumindest für eine gewisse Zeit.
Beständigkeit	Wenn Sie das Rad nicht immer neu erfinden und sich auf Varianten konzentrieren, haben Sie die besseren Karten.
Ansehen	Denken Sie als Geschichtenerzähler auch daran, dass Ihre Produkte identitätsstiftend sind.
Wert	Eine Geschichte, die überall und kostenlos verbreitet wird, hat für das Publikum einen geringeren Wert.
Auswahl	Mit einer Geschichte, die verschiedene, aber nicht beliebige Deutungen zulässt, offerieren Sie Wahlmöglichkeiten.
Zuverlässigkeit	Geschichten, die Sie ankündigen, müssen Sie erzählen. Auch in der versprochenen Länge. Es sei denn, eine Kürzung verstärke den Spannungsbogen.
Respekt	Leser, Zuhörer und Zuschauer schenken dem Geschichtenerzähler Zeit und Aufmerksamkeit. Allein deswegen dürfen Sie sich hinter der Bühne nicht über sie lustig machen.
Identität	Eine gute Geschichte enthält Angebote für das Finden oder Bestätigen der eigenen Identität.
Klarheit	Rätsel zu lösen kostet wertvolle Energie. Daher dürfen sie nicht Selbstzweck sein, sondern müssen eine Funktion haben.
Stil, guter Geschmack	Da Stil das Unverwechselbare ist, macht er Geschichten einzigartig. Und mit Geschmacklosigkeit Aufmerksamkeit zu erwecken, wirkt billig.
Sauberkeit	Sauberkeit wird auch mit Tugend, Unschuld sowie Reinheit assoziiert und dockt deshalb an eine menschliche Sehnsucht an.

Kaufmotiv	Mögliche Bedeutungen für das Storytelling
Aufrichtigkeit	Menschen mögen Humor, möchten aber nicht zum Narren gehalten werden. Je authentischer, desto aufrichtiger.
Komfort	Einfachheit erhöht den Komfort und gehört deshalb zu den Elementen des Story-Checks.
Erfolg	Handlung und Personeninventar einer Geschichte sollen menschliche Verhaltensweisen aufzeigen, mit denen sich Probleme eher lösen lassen.

2.3.3 Wie Menschen Informationen gewichten

Die Wahrscheinlichkeit auf Nachkommen ist größer, wenn Sie mit jemandem Sex haben, der Ihnen die Geschichte erzählt, vom gegenteiligen Geschlecht zu sein. Auch wenn Ihnen eine solche Behauptung ebenso einleuchtend wie absurd vorkommt, ist sie für das Verständnis menschlicher Informationsverarbeitung doch von Nutzen. Ob Sie ein Mann oder eine Frau sind, wissen Sie nur, wenn Ihr Bewusstsein die Einschätzung der unbewusst arbeitenden Hirnareale erfährt. Und diese Entscheidung kommt aufgrund einer Wahrscheinlichkeitsrechnung bestimmter neuronaler Netzwerke zustande. Sind diese aus irgendeinem Grund außer Funktion, ist Ihnen Ihr Geschlecht nicht klar. Das Gleiche gilt für scheinbar so selbstverständliche Fragen, ob das Ihr linker Arm ist und ob er überhaupt zu Ihnen gehört.

Wenn schon existenzielle Fragen vom Unbewussten beantwortet werden, dürfen wir annehmen, dass diese Netzwerke auch bei der Bewertung von Geschichten beteiligt sind. Daher kann es nichts schaden, wenn Sie als Storyteller wissen, nach welchen Kriterien der Autopilot Informationen gewichtet.

Bei den unbewusst arbeitenden Hirnarealen von »Autopilot« zu sprechen, hat sich außerhalb der Neurowissenschaften inzwischen eingebürgert. Oder von »System I«, wie es der Nobelpreisträger Daniel Kahneman nennt. »System II« oder der »Pilot« könnte man als Vernunft bezeichnen, die unter anderem für anstrengende Aktivitäten wie Denken zuständig ist. Und damit Sie in diesem Crashkurs die Rolle des Piloten bei der Entscheidungsfindung nicht länger überschätzen, veranschauliche ich die Verarbeitungskapazitäten der beiden Besatzungsmitglieder in einer Grafik.

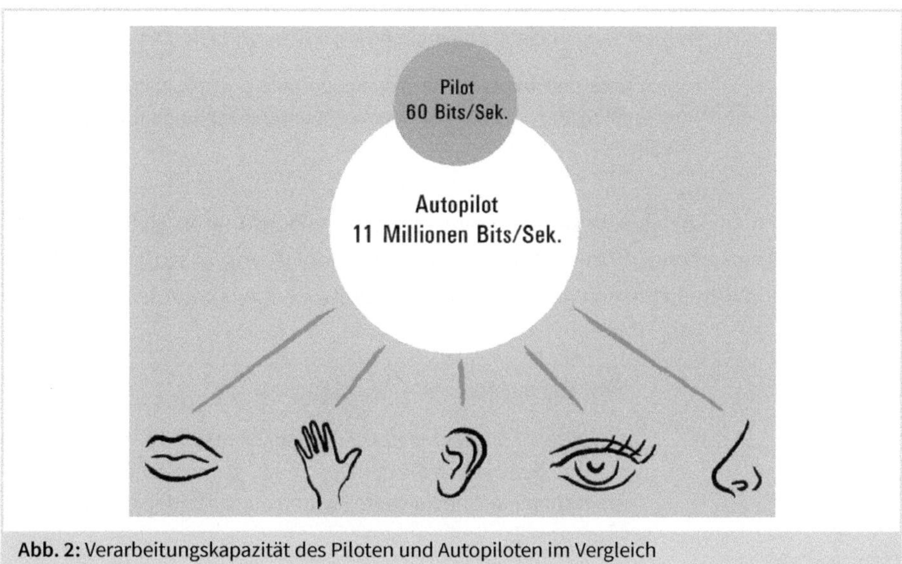

Abb. 2: Verarbeitungskapazität des Piloten und Autopiloten im Vergleich

Auf die Größenordnung der Verarbeitungskapazität des Autopiloten machte der Wissenschaftsjournalist Tor Nørretranders erstmals 1994 in seinem Buch »Spüre die Welt« aufmerksam. Und obwohl sie sich experimentell kaum nachweisen lässt, geben sie doch wieder, wie beschränkt unsere bewusste Wahrnehmung ist. Einige Bits mehr oder weniger sollten uns ohnehin nicht interessieren. Denn von weitaus größerer Bedeutung für das Storytelling ist, welche Wahrscheinlichkeiten das Unbewusste zuerst berechnet. Denn wenn wir die kennen, haben wir ein weiteres Kriterium, um die Inhalte unserer Geschichten zu überprüfen.

Ziele der Evolution und ihre Bedeutung für das Storytelling

Davon ausgehend, dass es bei der Beurteilung eintreffender Informationspakete ebenfalls darum geht, die evolutionären Ziele zu erreichen, möchte ich diese nochmals in Erinnerung rufen. Auch wenn etliche Wissenschaftler der Evolution keine bestimmte Richtung und damit auch keine Ziele zuschreiben.

Evolutionäres Ziel	Höhere Aufmerksamkeit erhalten Geschichten mit Informationen, die ...
Fortpflanzen bzw. Reproduzieren	... gelingende Partnerschaft, Sexualität erleichtern und der Weiterverbreitung des eigenen Ich oder Namens dienen. Facebook lässt grüßen.
Anpassen	... der Anpassung an gesellschaftliche Normen, Eigenheiten der Peergroup nützen und die Annahme neuer Regeln einfacher machen.

Evolutionäres Ziel	Höhere Aufmerksamkeit erhalten Geschichten mit Informationen, die ...
Überleben	... vor Gefahren warnen, Wettbewerbsvorteile bringen, zur Sicherung des eigenen Status beitragen und den Wunsch nach Geheimwaffen befriedigen.

Da der Mensch ein soziales Wesen ist, dient es diesen evolutionären Zielen, wenn er brauchbare Antworten auf Fragen findet, die seine Orientierung im sozialen Verband erleichtern und ihm Sicherheit geben. Diese drei großen Fragen lauten:

Fragen	Mögliche Bedeutungen für Storytelling
Wer bin ich?	Eine gute Geschichte bietet verschiedene Identifikationsangebote an, zu denen auch die dunklen Seiten der menschlichen Seele gehören müssen. Idealisierte Figuren brauchen daher starke Gegenspieler.
Wer ist der andere?	Verhaltensweisen und Taten sind wichtiger als Aufzählungen von Charakter- oder Objekteigenschaften, um ein Gegenüber deuten zu können.
Wo ist mein Platz in dieser Welt?	Ein Storyteller denkt immer daran, dass dies die wichtigste Frage seines Publikums ist. Der Adressat einer Geschichte will in ihr Hinweise über seine Stellung im sozialen Gefüge erhalten.

Leser, die daran zweifeln, dass sich das Unbewusste vor allem mit diesen drei Fragen beschäftigt, sollten sich an ihren ersten Tag in einer neuen Schulklasse oder den ersten Arbeitstag bei einem neuen Arbeitgeber erinnern. Mit großer Wahrscheinlichkeit werden Sie am Abend vergessen haben, wo der Kaffeeautomat steht, wie der Fotokopierer funktioniert, was als Spesen abgerechnet werden darf oder welche Namen die neuen Kolleginnen und Kollegen tragen. Denn das Gehirn suchte in erster Linie nach den neuen Koordinaten, die den Platz im neuen Umfeld bestimmen. Diese Behauptung leuchtete dem HR-Verantwortlichen eines mittelgroßen Unternehmens so ein, dass er das Konzept der Mitarbeitereinführung danach ausrichtete und völlig umkrempelte.

Oder mit Fred Feuerstein & Co. gesprochen: Weiß Fred, dass er ein Mann und sein Gegenüber eine Frau ist, erhöht dies die Wahrscheinlichkeit auf die Weitergabe seine Gene. Und weiß er, dass sein Nachbar wahrscheinlich der nächste Stammeshäuptling wird, kann er seinen bisherigen Platz in der Welt eher sichern, wenn er nicht mit der Ehefrau des Nachbarn schläft.

2.3.4 Der wissenschaftliche Hintergrund des Story-Checks

Würden Sie mit einem guten Gefühl ein Flugzeug besteigen, dessen Piloten keine Checklisten abarbeiten? Wohl eher nicht. Zumal auch die Wissenschaft der Meinung ist, mit solchen Listen lasse sich die Flugsicherheit wesentlich erhöhen. Aber erhöht die Anwendung einer Checkliste auch die Aufmerksamkeit des Publikums, wenn Sie eine Geschichte erzählen? Da ich diese Frage mit einem klaren Ja beantworte und der Story-Check das Herzstück dieses Crashkurses ist, möchte ich vor dessen Präsentation im folgenden Kapitel 3 noch kurz darauf eingehen, wie Checklisten entstehen und was sie mit der Wissenschaft zu tun haben.

Eine Checkliste reichert das Erfahrene durch seine Rekapitulation an, so wie Schachmeister nach einem Schachspiel den Spielverlauf rekapitulieren. Diese ebenso anschauliche wie kurze Beschreibung stammt vom amerikanischen Psychologen Gary Klein, der sich seit Jahrzehnten mit der Frage beschäftigt, wie Menschen Entscheidungen treffen. Daher weiß Gary Klein auch, dass unser Unbewusstes in Entscheidungssituationen auf passende Faustregeln zurückgreift. Und weil diese in komplexen Situationen oft zu besseren Resultaten führen als der analytische Verstand, lohnt es sich, aus diesen Regeln eine Checkliste abzuleiten.

Einen wissenschaftlichen Hintergrund hat der Story-Check, weil er die Regeln berücksichtigt, nach denen neuronale Netzwerke Informationen verarbeiten, und auf einer Datenmenge beruht, die Zufälligkeiten weitgehend ausschaltet.

Und obwohl sich seine Anwendung in der Praxis bewährte, erhebt der Story-Check natürlich nicht den Anspruch, der Weisheit letzter Schluss zu sein. Es ist sogar ganz im Sinne des Erfinders, wenn Sie den vorgeschlagenen Story-Check ergänzen, Fragen anders gewichten oder umformulieren. Aber es gibt Punkte, die für das Abheben einer Geschichte von so elementarer Bedeutung sind, dass sie nicht außer Acht gelassen werden dürfen.

10 häufige Missverständnisse beim Storytelling

Im Folgenden geht es genau genommen nicht um Missverständnisse, sondern um hinderliche Glaubenssätze, falsche Behauptungen, unzweckmäßige Fantasien, überholte Lehrmeinungen oder schlicht Irrtümer. Aber weil unaufgeklärte Missverständnisse oft zu Konflikten führen, bleibe ich bei der gewählten Überschrift. Denn sie soll ja signalisieren, dass Geschichtenerfinder beim Publikum nicht fahrlässig für Verwirrung sorgen sollen, nur weil sie allzu praxisfremd vorgegangen sind.

Missverständnis 1: Spannung braucht Action

Ob der russische Instagrammer drewsssik mit 17 Jahren von einem neunstöckigen Haus zu Tode stürzte, weil er das Wort Cliffhanger nicht richtig einordnen konnte, wissen wir nicht. Aber zu seiner Waghalsigkeit trug sicher der Glaube bei, dass Action mehr Klicks, mehr Likes und damit mehr Anerkennung bringt. Diese Meinung teilten offenbar auch einige der 259 Selbstporträtierer, die Selfies in blühenden Wiesen oder am Küchentisch langweilig fanden und deshalb irgendwann zwischen 2001 und 2017 von Klippen und Hochhäusern stürzten, von Zügen und Lastern überrollt wurden, ertranken, verbrannten oder einen elektrischen Schlag erlitten. Gefahr erweckt Aufmerksamkeit. Dieses Ursache-Wirkung-Verhältnis ist in einem überzeitlichen Programm, das die Ziele Fortpflanzen, Anpassen und Überleben verfolgt, selbstredend festgeschrieben. Aber das heißt noch lange nicht, Action müsse zwingend ein Element des Story-Checks sein. Es sei denn, man assoziiere damit nicht länger spektakuläre Szenen, große Dramatik oder stimulierende Adrenalinkicks, sondern schlicht Handlung. Und die ist automatisch gegeben, wenn der Held beim Lösen eines Problems auf Widerstand stößt.

Im Zweifelsfall auf Action im Sinne explodierender Fahrzeuge, wilder Verfolgungsjagden, halsbrecherischer Stunts, wüster Schlägereien oder endloser Schießereien zu verzichten, drängt sich aus einem einfachen Grund auf: Der Einsatz dieses Stilmittels ist zu einfach und daher auch zu banal. Nur wer sich damit zufriedengibt, Vorlagen für B- und C-Movies zu liefern, wird der Versuchung erliegen. Spannung braucht keine außergewöhnliche Dramatik. Es genügt, Neugier und Teilnahme zu kombinieren, wie Robert McKee in seinem Buch »Story. Die Prinzipien des Drehbuchschreibens« festhält. Als Geschichtenerfinder habe ich es in der Hand, den Ausgang einer Szene hinauszuzögern, Zusammenhänge aufzudecken oder zu verheimlichen, Gefühle der

Figuren preiszugeben und zu intensivieren, mit meinem Informationsvorsprung zu spielen, Dialoge abzubrechen, Überraschungen einzubauen, Bedrohungen heraufzubeschwören und Sympathiepunkte zu verteilen.

Missverständnis 2: Vergleiche lieber vermeiden

Lebensratgeber, die Ihnen das Vergleichen verbieten oder madig machen wollen, sind mit äußerster Vorsicht zu genießen. Denn bei einem solchen Tipp ist die Wahrscheinlichkeit groß, dass der Autor von einer Menschenart ausgeht, die gar nicht existiert. Der reale Mensch hat unter seiner Schädeldecke nämlich ein außerordentlich leistungsfähiges Differenzbereinigungssystem. Und zu dessen wichtigsten Aufgaben gehört es, sinnvolle Antworten auf Fragen zu finden, die Ihnen bereits bekannt sein dürften. Sie lauten nämlich: Wer bin ich? Wer ist der andere? Wo ist mein Platz in dieser Welt? Sich mit anderen Menschen zu vergleichen, gehört daher zu den Strategien, die beim Erreichen der evolutionären Ziele unschätzbare Dienste leisten.

Aus diesem Befund nun zu schließen, man müsse als Geschichtenerfinder die Aufgabe des Publikums übernehmen und dauernd vergleichen, wäre allerdings ein Irrtum. Denn eine gute Geschichte soll ja nicht an Schulstunden erinnern, in denen es primär um die Unterscheidung von richtig und falsch ging. »Erzählen statt erklären« und »Zeigen, nicht sagen« lauten zwei Formeln, die ein Storyteller mit der Zeit verinnerlichen sollte. Wenn Sie die Elemente des Story-Checks beachten und gut einsetzen, ist das Publikum von sich aus bereit, verschiedene Charaktere, Verhaltensmuster und Wertvorstellungen miteinander zu vergleichen. Und wenn Sie als Autor eine ganz bestimmte Botschaft vermitteln wollen, liegt es an Ihnen, ungewollte, völlig falsche oder irreführende Vergleiche zu verhindern. Oder Sie können von Ihnen formulierte Vergleiche gezielt einsetzen, um bei Ihren Zuhörern oder Lesern Bilder zu wecken, die Sie später wieder in Abrede stellen. Zudem eignen sich Vergleiche hervorragend für das Stilmittel der Übertreibung.

Missverständnis 3: Geschichten sind kontextunabhängig

Ob ich das Gleichnis von den anvertrauten Talenten auf einem Kongress für Personalvermittler oder der Jahresversammlung der Numismatiker erzähle, spielt eine Rolle. Denn wer nicht bibelfest ist und sein Geld als Talentsucher verdient, wird etwas anderes oder gar nichts verstehen. Dieses Beispiel für Kontextabhängigkeit ist übrigens nicht auf meinem Mist gewachsen, sondern stammt in abgewandelter Form von einem Dozenten für Homiletik, wie die Predigtlehre bei den Theologen heißt. Lange bevor die Kommunikationswissenschaftler Begriffe wie »Framing« oder

»Priming« in ihren Grundwortschatz aufnahmen, habe ich also verinnerlicht, dass jede Geschichte in ein Umfeld eingebettet ist, das deren Interpretation erheblich beeinflusst.

Jede Geschichte ist von Ereignissen, Deutungsrastern und situativen Interpretationsmustern eingerahmt, weshalb dieser wichtige Aspekt inzwischen oft Framing genannt wird. Das muss sich ein Geschichtenerzähler immer vergegenwärtigen, um unnötige Fehlinterpretationen zu vermeiden oder die Verarbeitung von Reizen gezielt beeinflussen zu können. Die Aktivierung gewollter Assoziationen durch das Andocken an unbewusst gespeicherte Vorerfahrung mit Inhalten, bezeichnen die Psychologen als Priming.

Unsere unbewusst arbeitenden Hirnareale sorgen in der Regel auch dafür, dass wir den Kontext automatisch berücksichtigen, sofern wir ihnen das Signal gegeben haben, nicht provozieren zu wollen. Daher müssen wir beim Finden, Erfinden und Verbreiten einer Geschichte nicht dauernd daran denken, wo und wie das Umfeld auf sie einwirkt. Wir können uns also auf die Frage konzentrieren, wie wir Framing und Priming gezielt einsetzen wollen.

Missverständnis 4: Ironie verstehen alle

»Der Vorwurf, Ironie sei angesichts der Weltlage verantwortungslos, ist berechtigt. ›Das ist ironisch gemeint‹ ist die Ausrede der Denkfaulen und Gefühlskalten.« Zu dieser Behauptung versteigt sich der Schweizer Publizist und Literaturkritiker Stefan Howald. Doch weil ich seine Vorliebe für das Stilmittel »Ironie« schon während des gemeinsamen Studiums kennenlernte, bin ich mir sicher, dass er bewusst vom eigentlich Gemeinten abwich. A sagen und B meinen gehört zu den Kommunikationsformen, die sorgsam eingesetzt werden sollten. Vor allem im Umgang mit Kindern. Denn damit die Ironie Erwachsener funktioniert, müssen Kinder in der Lage sein, Abweichungen von Gesagtem und Gemeintem zu erkennen. Und weil diese Fähigkeit noch immer notwendig ist, wenn sie längst groß geworden sind, dürfen Geschichtenerzähler nicht davon ausgehen, ihr Publikum könne alle ironischen Rätsel lösen.

Mein ehemaliger Mitstudent betont denn auch, dass wahrhaftige Ironie harte Arbeit ist. Denn wer dieses Stilmittel einsetzen will, muss sich in die Denk- und Werthaltungen seines Publikums einfühlen können, den Kampf für die richtige Distanz aufnehmen, die wichtigsten Ironiesignale kennen, eine scharfe Beobachtungsgabe haben und den Liebesentzug bei Unverständnis akzeptieren können. Wer dieses Anforderungsprofil nicht erfüllt, sollte vielleicht besser auf den Einsatz ironischer Elemente verzichten. Oder bei Schriftstellern wie Thomas Mann, Gottfried Keller, Theodor Fontane, Robert Musil oder Charles Dickens zuerst die ganze Bandbreite dieses Stilmittels kennenlernen. Empfehlenswert ist auch, sich in Selbstironie zu üben, da man damit nicht die anderen, sondern höchstens sich selber verletzt. Zudem gilt: Wahre Ironie ist ehrlich motiviert.

Missverständnis 5: Geschichten müssen kurz sein

Weniger Verkäufer, weniger Radiologen, weniger Postboten, weniger von allen Jobs, die Software und Roboter ebenfalls erledigen können. Ob dieses »Weniger« 2025 tatsächlich ein Viertel betragen wird, wie das US-Beratungsunternehmen Boston Consulting Group prophezeit, wird sich bald zeigen. Fest steht nur, dass sich sogar Geschichtenerzähler nicht allzu sicher fühlen dürfen. Es sei denn, sie hätten die Metapher vom Schachspiel und damit den Story-Check verinnerlicht. Denn in Zukunft wird es noch stärker darum gehen, die besten Varianten eines Spiels zu finden, dessen Elemente inzwischen auch ihr neuer Feind KI, die »Künstliche Intelligenz«, kennt. Doch die Algorithmen, auf denen die Technik des »Predictive Writing« beruht, basieren noch mehrheitlich auf Daten, die situativen Einzelfällen wenig Beachtung schenken. Und daher glaubt ein Storyteller auch nicht daran, dass sein Publikum nur kurze Geschichten liebt, wie das inzwischen in jedem Ratgeber für Social-Media-Texte steht.

David Ogilvy, wohl der berühmteste Texter der Werbebranche, unterzog sich nie dem Primat der Kürze. Natürlich fand auch er kurze, prägnante Sätze und kurze Absätze sinnvoll. Aber wenn eine Geschichte nicht langweilt, findet sie auch in einer längeren Version ihr Publikum. Bewiesen hat Ogilvy seine Behauptung mit zahlreichen Anzeigen für Unternehmen und Produkte aller Art. Sogar für eine Margarine. Seinen 1984 in »David Ogilvy über Werbung« geäußerten Rat gebe ich gerne weiter. Denn er lautet: »Formulieren Sie Ihren Text wie eine Geschichte.« Und seine berühmteste Headline verdient es sogar, im Original zitiert zu werden: »At 60 miles an hour the loudest noise in this new Rolls-Royce comes from the electric clock.«

Technologischer Fortschritt hinterlässt immer Spuren. So wird der »Roboterjournalismus« auch Inhalte und Menschen betreffen. Aber einem begnadeten Sport-Tickerer zu folgen, wenn der Lieblingsverein spielt, wird auch in Zukunft mehr Spaß machen, als computergenerierte Kurzzusammenfassungen zu lesen. Gute Live-Ticker zu kopieren, ist ebenfalls eine gute Übung auf dem Weg zum Meister.

Missverständnis 6: Sinnlücken sind zu vermeiden

»Am Thema vorbeigeschrieben!« gehört zu den Beurteilungen, mit denen ich als Gymnasiast einigermaßen leben konnte. Besonders wenn mich das Gefühl beschlich, mein Deutschlehrer wolle damit eigentlich ausdrücken, dass er anderer Meinung sei. Weniger hilfreich fand ich die Randbemerkung »Fehlender Anschluss«. Zumal diese Marginalie oft dort stand, wo ich bewusst eine kleine Sinnlücke setzte. Die, so fand ich schon damals, sind auch in einem so genannten Erörterungsaufsatz erlaubt, wenn sie eine Funktion haben. Und das haben sie, wenn damit das Verstehen durch Vorstellen angepeilt wird. Geschichten, die keine Bedienungsanleitungen oder Lehrveranstaltungen sind, müssen bildorientiert sein, Gefühle wecken, Erinnerungen auftauchen lassen. Aber das können sie nur, wenn wir den Erklärmodus gelegentlich verlassen, auf Detailtiefe verzichten und dem Gehirn die Zeit lassen, um Fragen wie »Was ist gemeint?« und »Was fühle ich dabei?« zu stellen.

Ein Storyteller muss sich vom Anspruch lösen, einen Text zu schreiben, den alle verstehen. Denn das ist schon allein wegen der verschiedenen Erfahrungswelten des Publikums unmöglich. Zudem kann ein Satz eine Dynamik entwickeln, die über ihn hinausgeht und vom Autor nicht mehr kontrolliert werden kann. Die Suche nach der richtigen Mischung zwischen sinnvoll und sinnleer gehört zu den anspruchsvollsten Aufgaben eines Geschichtenerfinders. Lösen wird sie nur können, wer das Risiko eingeht, bei diesem Seiltanz auch mal abzustürzen. Daher ist es ratsam, vor dem Verlassen der sicheren Plattform ein nicht allzu grobmaschiges Fangnetz aufzuspannen, das von verlässlichen Sparringpartnern gehalten wird. Die würden zudem den Tipp geben, im Internet nach dem Begriff »Abstraktionsleiter« und deren Erfinder H.I. Hayakawa zu googeln. Denn unnötige Sinnlücken lassen sich auch vermeiden, indem man sein Publikum von unten nach oben führt und auf der mittleren Leitersprosse nicht feststecken lässt.

Missverständnis 7: Nur Menschen können sprechen

Als die britische Kinderbuchautorin Ursula M. Williams 1938 einem Spielzeugpferd mit Holzrädern den Namen »Rösslein Hü« gab, konnte sie natürlich nicht wissen, dass sie mit ihrem Buch meine Kindergartenzeit rettete. Denn ruhig sitzen bleiben konnte ein Zappelphilipp wie ich eigentlich nur, wenn uns die strenge »Gärtnerin« die neusten Abenteuer dieses sprechenden Holzpferdchens vorlas. Dass Lokomotiven, Bäume, Puppen oder Maikäfer sprechen können, ist für Kinder gar keine Frage. Doch offenbar ist diese Selbstverständlichkeit auf dem Weg zum Erwachsensein vielen abhandengekommen. Wer von diesem Verlust betroffen ist und es in der Kunst des Geschichtenerzählens zum Meister bringen will, muss sofort Gegensteuer geben. Der erste Schritt könnte darin bestehen, an all die Menschen zu denken, die Zwiegespräche mit ihrem Computer oder Fahrzeug führen. Oder darin, die Kapitel über Helden, Helfer und Feinde nochmals zu lesen.

Unbelebten Dingen, Tieren, Naturgewalten und Göttern menschliche Eigenschaften zuzusprechen, ist keine psychische Erkrankung, sondern gehört zum Programm neuronaler Datenverarbeitung und ist damit das Normalste der Welt. Ich betone dies auch deshalb, weil der Wikipedia-Beitrag zu »Anthropomorphismus« suggeriert, das würde sich im Laufe der Zivilisation auswachsen. Der Verfasser des Artikels schreibt nämlich: »Viele Menschen schreiben noch heute unbelebten Objekten menschliche Eigenschaften zu.« Mit dieser leicht herablassenden Einstellung würden Geschichtenerzähler viel zu defensiv ans Werk gehen, wenn es darum geht, Dialoge zwischen der Welt und ihren Bewohnern zu kreieren. Für Storyteller gilt deshalb, was Robert McKee folgendermaßen formulierte: »Eine Figur ist genausowenig ein menschliches Wesen, wie die Venus von Milo eine echte Frau ist. Eine Figur ist ein Kunstwerk, eine Metapher für die menschliche Natur.« Oder: Wir sprechen zu den Dingen und die Dinge sprechen zu uns. »Die lustigen Abenteuer des Rösslein Hü« sind seit 2015 zum Glück wieder erhältlich. Fehlt nur noch ein Verleger, der »Rauschebart und Knorzel« von Hans-Wilhelm Smolik neu auflegt.

Missverständnis 8: Eine Idee ist nicht zwingend notwendig

Als Heinrich von Kleist vor über hundert Jahren seinen Aufsatz »Über die allmähliche Verfertigung der Gedanken beim Reden« schrieb, nährte er damit ungewollt das Missverständnis, die tragende Idee einer Geschichte würde sich im Laufe ihrer Entwicklung automatisch ergeben. Aber es ist kein Zufall, dass Kleists Argumentation auf wackligen Füßen steht. Denn jede gute Geschichte basiert auf einer starken Idee. Das heißt allerdings nicht, dass Ideen voll ausgereift sein müssen, bevor man sich an die Arbeit ihrer Verbreitung macht. Aber es sollte zumindest ein Funken da sein, an dem sich eine großartige, beherrschende Idee entzünden kann. Andernfalls ist die Wahrscheinlichkeit groß, eine Durchschnittsgeschichte zu schreiben, die niemanden so richtig begeistert und glücklich macht. Auch den Verfasser nicht. Linda Seger schreibt in »Das Geheimnis guter Drehbücher« dazu: »Irgendwo zwischen dem ersten Einfall und den ersten 120 Seiten eines Drehbuchs muss die Idee Gestalt annehmen. Die Geschichte muss geformt werden, angereichert mit Figuren, aufgebaut aus Bildern und Gefühlen.« Und der bereits erwähnte David Ogilvy ruft angehenden Werbetextern zu: »Selbst wenn Sie extrem fleißig sind, werden Sie niemals zu Ruhm und Ehre kommen, sollten Sie nicht zugleich »Big Ideas« haben.« Da solche Übertreibungen eher entmutigen als antreiben, möchte ich einfach Folgendes festhalten: Die Zeit, die Sie für die Suche nach einer guten Idee investieren, holen Sie im Laufe Ihrer Arbeit doppelt und dreifach wieder herein.

Für diese Suche liefert Ihnen der Story-Check mit den Elementen »Titel« und »Urthema« zwei bewährte Hilfsmittel. Die meisten professionellen Geschichtenerfinder beherzigen zudem den Rat, ihre Ideen in einem Notizbuch oder sonst wo festzuhalten und vor Beginn ihrer Arbeit eine Ideenskizze zu verfertigen. Diese sollte allerdings nicht mehr als eine Seite umfassen und in der Gegenwartsform formuliert sein. Noch besser ist, wenn Sie Ihre gefundene Idee als Küchenzuruf formulieren können. Der bereits mehrfach erwähnte Robert McKee drängt seine Leser sogar dazu, sich auf einen Satz zu beschränken, der das Wie und Warum einer Veränderung enthält und aus dem das Publikum schließen kann, weshalb es einer Geschichte seine Aufmerksamkeit schenken soll.

Missverständnis 9: Passivformen sind zu vermeiden

»Sobald Sie in Ihrem Text das Wort ›Werden‹ erwischen, sollten die Alarmglocken klingeln.« Auf diesen Gefahrenhinweis stoßen Sie nicht nur im Buch »Einfach schreiben im Beruf«. Aber Hannes Külz gehört zu den wenigen Ratgeberautoren, die ihren Lesern auch wertvolle Hinweise geben, wann das Passiv sinnvoll ist. »Verwende aktive Verben« ist für Storyteller jedenfalls keine goldene Regel, wie es in so vielen Workshops gelehrt wird. Roy Peter Clark bringt deshalb in »Die 50 Werkzeuge für gutes Schreiben« zahlreiche Beispiele berühmter Schriftsteller, in denen die Verwendung von Passivformen das Gesetz »Form follows function« erfüllt. Und wem im Deutschunterricht noch vermittelt wurde, dass »Leideform« die deutsche Übersetzung von »Passivverb« ist, hat Clarks Ausführungen eigentlich schon verstanden. Das Passiv ist ein Werkzeug, mit dem ich die Aufmerksamkeit mehr auf den Handelnden als auf die Handlung lenke. Diese Funktion ist äußerst nützlich, wenn ein Geschichtenerzähler seinem Publikum klarmachen will, wer in einer Handlung der Täter und wer das Opfer ist. Es ist eben nicht dasselbe, ob ich sage: »Der Crashkurs Storytelling konfrontiert Sie auch mit grammatischen Regeln« oder »In diesem Crashkurs werden Sie auch mit grammatischen Regeln konfrontiert.«

Das Kriterium für den Einsatz passiver Verben darf nicht nur Ästhetik sein. Ich kann mit einer bewussten Setzung des Passivs auch moralische Inhalte verstärken. Möchte ich zum Beispiel signalisieren, dass ein Politiker oder Manager korrupt ist und unangenehme Wahrheiten gerne verschleiert, sind konsequente Passivformen ein gutes Mittel. Vor allem wenn ich einen ehrlichen Gegenspieler habe, der Verantwortung übernimmt und deshalb immer aktiv spricht. Unnötig zu sagen, dass ein Storyteller auch die Verantwortung übernehmen muss, wie seine Geschichte vom Publikum aufgenommen wird.

Missverständnis 10: Kritik muss konstruktiv sein

»Anregungen und konstruktive Kritik sind immer willkommen.« Mit solchen Leerformeln soll übertüncht werden, dass Menschen nach Anerkennung streben und wenig für negative Beurteilungen übrighaben. Auch Mark Twain nicht, der zu diesem Thema meinte: »Ich habe kein Problem mit Kritik, aber sie muss mir gefallen.« Der heutige Zwang zu konstruktiver Kritik hat dummerweise ungewollte Nebenwirkungen. Fällt uns nichts Konstruktives ein, verleitet er uns zum Schweigen. Und wer die Kritik nicht annehmen will, kann sie als nicht konstruktive leicht abwehren. Doch weil Fremdbeurteilungen wichtig sind, um nicht auf der Stelle zu treten, gebe ich folgende Empfehlung ab: Verteidigen Sie Ihre Arbeit nie gegen Kritik. Wenn Sie diesem natürlichen Reflex nachgeben, geraten Sie automatisch in die Rechtfertigungsfalle. Und so lange Sie darin gefangen sind, werden Sie kaum etwas erfahren, was Sie weiterbringt. Zumal schon der unbesiegbare Feind »Geschmacksfrage« dort sitzt, mit dem Sie ohnehin nicht vernünftig diskutieren können.

Besser ist es, wenn Sie eine Debatte in eine Unterhaltung verwandeln und Ihrem Gegenüber erklären, was Sie erreichen wollten und wie Sie dabei die verschiedenen Elemente des Story-Checks eingesetzt haben. Eine Reaktion dieser Art führt oft zu einem Gespräch, bei dem sowohl Sie als auch Ihre Kritiker etwas lernen können.

3 Der Story-Check – eine Anleitung zum erfolgreichen Storytelling

Den Lesern der ersten Auflage von »Warum das Gehirn Geschichten liebt« habe ich den Story-Check noch vorenthalten. Denn trotz meiner fliegerischen Vergangenheit hielt ich 2009 nicht allzu viel von einem solchen Instrument. Auch weil mich das Herunterbrechen von Lebensweisheiten auf Checklisten irritiert und ich dem inflationären Angebot solcher Hilfsmittel kein weiteres hinzufügen mochte. Die Kunst des Geschichtenerzählens mittels einer Checkliste übersichtlich zusammenzufassen, geschah auf Druck. Denn der Programmleiter eines Radiosenders, dessen Moderatoren ich im Storytelling coachte, ließ sich einfach nicht von seinem Wunsch nach einer Checkliste abbringen. Und dafür bin ich ihm noch heute dankbar. Denn schon bald stellte sich heraus, dass theoretisches Wissen schneller in die praktische Arbeit einfließt, wenn es auf wenige Fragen reduziert wird. Der mit Kunden gemeinsam erarbeitete Story-Check erwies sich schnell als nützliches Kontrollinstrument, mit dem sich Prozesse begleiten und Resultate analysieren lassen. Zudem bewahrt er erfahrene Geschichtenerzähler davor, durch Routine, Stress oder Unachtsamkeit wichtige Punkte zu vergessen.

»Wo würdest du deinen kränkelnd umherirrenden Helden auf der nach oben offenen Richterskala ansiedeln?« Diese scherzhaft vorgetragene kritische Frage in einem Workshop führte zur Idee, die Checkliste als Diagramm darzustellen. Auch wenn das Ausfüllen eines solchen Diagramms eher auf Nebenschauplätzen stattfindet, hat es sich in Teamsitzungen als Analyseinstrument mit Unterhaltungscharakter erwiesen. Daher möchte ich Ihnen die Gebrauchsanweisung nicht vorenthalten.

So arbeiten Sie mit dem Story-Check !

Mit Vorgabe eines Ziels

Überlegen Sie, welche Parameter die zu beurteilende Story in welchem Ausmaß idealerweise erfüllen soll. Zeichnen Sie Ihre Vorgabe nun im Blanko-Diagramm »Story-Check« ein. Realistischerweise sollte diese einer Zickzackkurve und nicht einer Gerade bei +10 entsprechen. Denn abhängig von der Geschichte und dem Publikum sind manche Parameter – wie Konfliktpotenzial oder Einfachheit – mehr oder weniger stark ausgeprägt.

Anschließend zeichnen Sie mit einer anderen Farbe ein, welche Werte auf der Skala zwischen -5 und +10 die auf dem Prüfstand stehende Story in den einzelnen Punkten tatsächlich erreicht.

Das Resultat hat natürlich keine wissenschaftliche Beweiskraft, gibt aber Hinweise auf Schwächen, die sich mit einem Sparringpartner oder im Team diskutieren lassen.

Ohne Vorgabe eines Ziels

Selbstkritisch und aus dem Bauch heraus einfach die Linie für die eigene Geschichte ziehen.

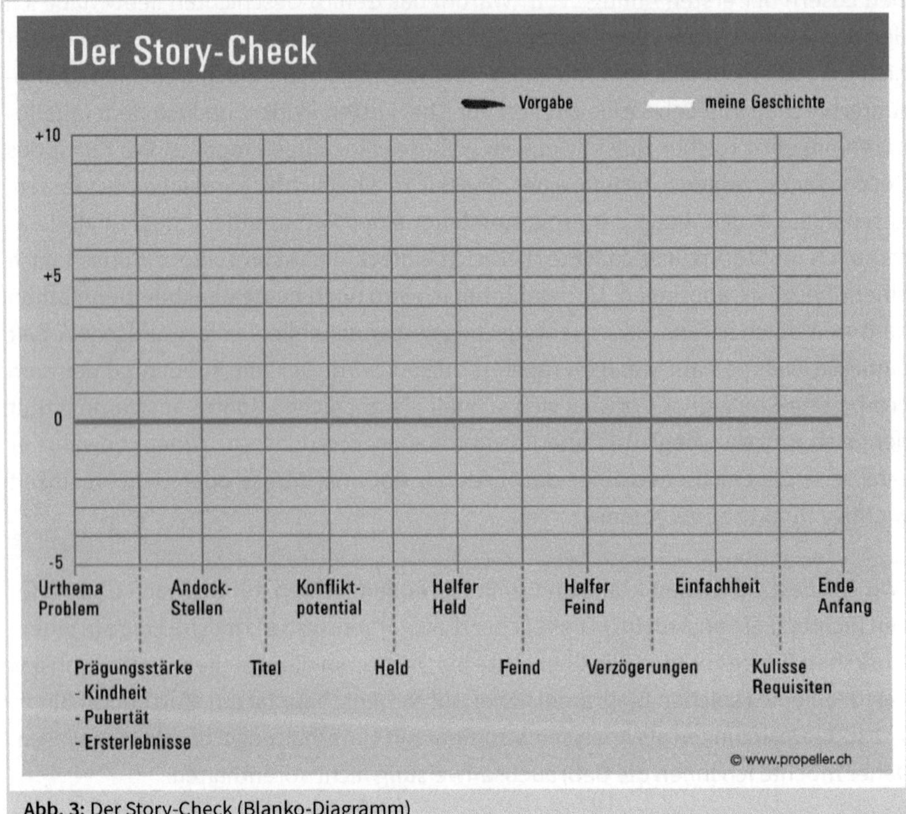

Abb. 3: Der Story-Check (Blanko-Diagramm)

Den Story-Check finden Sie als Blanko-Diagramm bei den digitalen Extras zum Buch auf mybook.haufe.de.

3.1 Urthema, Plot, Problem

Vor den Augen ein Stapel neuer Drehbücher, im Nacken die Angst vor dem Chef. So müssen Sie sich den Alltag meines Kollegen vorstellen, der in Los Angeles den nächsten Kassenschlager entdecken soll. Auch wenn Personalvermittler bei der Sichtung von Bewerbungsdossiers andere Kriterien anwenden, haben sie mit meinem Kollegen eines gemeinsam. Ohne System beim Beurteilen kommen auch sie nicht innerhalb eines realistischen Zeitrahmens zum Ziel. Und die Stapel nur nach dem Kriterium »Gefällt mir« abzutragen, ist weder eine gute Idee, noch sehr erfolgreich.

Einen Blockbuster nicht zu erkennen, ist zwar äußerst ärgerlich, kann jedoch passieren. Aber für die erste Trennung zwischen Stapel 1 und Stapel 2 muss der Drehbuchprüfer ein Killerkriterium haben. Und das lautet: Plot.

Die Herkunft dieses Begriffs ist ebenso umstritten wie seine richtige Anwendung. Und dass er in der Erzähltheorie oft als Synonym für »Handlung« gebraucht wird, hilft uns nicht weiter. Denn ich nehme nicht an, dass jemand Geschichten ohne Handlung erzählt. Hilfreicher ist zu wissen, was Ronald B. Tobias, der Verfasser von »20 Master Plots. And how to build them« nicht unter Plot versteht. Denn obwohl sich diese Bedeutungen in vielen Büchern zu unserem Thema finden, haben sie mit dem Urthema nicht viel zu tun.

Der Plot in meinem Verständnis steht weder für die Handlungsstruktur einer Geschichte, noch beschreibt er deren künstlerische Gestaltung. In diesem Crashkurs ist Plot ein Synonym für das Thema, das die Motivation einzelner Handlungen nachzeichnet, die kausalen Zusammenhänge der Erzählung offenbart und deshalb alle Ereignisse unter ein Dach bringt. Ein Plot ist also letztlich die Antwort auf die Frage »What's the story?« Oder: »What's the problem?«

Ohne Problem keine Geschichte. Viele Probleme ergeben keine gute Geschichte. Probleme, die dem Erreichen evolutionärer Ziele kaum im Wege stehen, ebenfalls nicht.

Kommt der Kollege in Los Angeles zum Schluss, das zu beurteilende Drehbuch handle nur von Mode und Models legt er es auf den zweiten Stapel. Es sei denn, in der Geschichte werde klar, dass es primär um einen Plot geht, der mit Verwandlung, Entdeckung, Rivalität oder einem anderen Masterplot zu tun hat.

Ein übergeordnetes Thema finden

Die Suche nach dem übergeordneten Thema einer Geschichte fällt vielen Geschichtenerzählern aus verschiedenen Gründen schwer. Zu den häufigsten gehören:

- Rubriken von Medienerzeugnissen und Kompetenzen von Redaktionsteams als Thema sehen.
- Das Thema mit dem Unique Selling Point (USP) der Marketingwelt gleichsetzen.

- Bei der Suche nicht an Konflikte denken, die bei der Lösung eines Problems entstehen.
- Nur bei literarischen und nicht bei allen Geschichten nach dem Thema suchen.
- Einem individuellen Thema allgemeine Bedeutung zuschreiben.
- Dem Irrtum erliegen, es gäbe unendlich viele Urthemen.
- Annehmen, das Thema müsse dem Publikum klar bekanntgegeben werden.
- Nebenschauplätzen zu viel Gewicht beimessen.
- Alles, was in der Öffentlichkeit diskutiert wird, als überzeitliches Thema betrachten.
- Das Thema mit Kulissen und Requisiten verwechseln.
- Die Geduld verlieren und sich mit der erstbesten Antwort zufriedengeben.

»Das Thema ist wie ein unterirdischer Flusslauf in einer Wüste. Ohne dass man ihn jemals zu sehen bekommt, bestimmt er doch maßgeblich, wo etwas wächst und auch was dort wächst.«

Mit dieser schönen Metapher macht Nicole Mosleh in ihrem Buch »Drehbuchschreiben. Das Geheimnis glaubwürdiger Charaktere und fesselnder Geschichten« darauf aufmerksam, dass die zentrale Idee einer Geschichte nicht an der Oberfläche sichtbar sein sollte und von den Figuren nicht zwingend erwähnt werden muss.

Der unterirdische Flusslauf einer Geschichte

Die Tatsache, dass es eine beschränkte Anzahl von Urthemen oder Plots gibt, macht es Ihnen hoffentlich leichter, nach dem unterirdischen Flusslauf Ihrer Geschichten zu suchen. Von einer Tatsache zu sprechen, erlaube ich mir, weil die Leistungsfähigkeit des menschlichen Gehirns unter anderem darauf beruht, eintreffende Informationen nach möglichst wenigen Mustervorlagen zu ordnen und zu gewichten. Die Urthemen und Plots in diesem Crashkurs sind vielleicht nicht vollzählig, lassen sich aber nicht nach eigenem Gutdünken vermehren. Das stelle ich auch immer wieder fest, wenn ich Studierende oder Workshop-Teilnehmende dazu auffordere, die Listen durch weitere Themen zu ergänzen. Denn die Vorschläge sind in der Regel einfach Synonyme und keine neuen Entdeckungen.

Die Suche nach dem Allgemeinen einer Geschichte, können Sie auf zwei verschiedene Weisen angehen. Und weil es keine Rolle spielt, ob Sie nach überzeitlichen Polaritäten Ausschau halten oder die Liste mit den Plots durcharbeiten, können Sie die beiden Suchhilfen auch munter mischen.

3.1.1 Kurzbeschreibung der 22 Masterplots

Von einer Klassifikation des amerikanischen Medienwissenschaftlers Ronald B. Tobias ausgehend, liste ich 22 Masterplots in alphabetischer Reihenfolge auf, um sie danach kurz zu beschreiben:

Abenteuer	Maßlosigkeit	Verbotene Liebe
Aufstieg	Opfer	Verfolgung
Außenseiter	Rache	Vergebung
Entdeckung	Rätsel	Verlierer
Fall	Reifung	Versuchung
Flucht	Rettung	Verwandlung
Identität	Rivalität	
Liebe	Suche	

Plot 1: Abenteuer

Seit der Alltag in den Blickwinkel der Soziologen und Facebooker geraten ist, haben viele das Gefühl, jede Geschichte handle letztlich von einem Abenteuer. Doch diese Einebnung wird dem Plot Abenteuer nicht gerecht. Zumal YouTube unsere Anforderungen an ein Abenteuer eher wieder nach oben geschraubt hat. Der Einzelne mag die Visualisierung seiner Frühstückseinnahme für ein mitteilungswürdiges Ereignis halten, zur kulturellen Mustervorlage »Abenteuer« gehört diese Handlungsfolge aber noch lange nicht. Zwar sang der österreichische Liedermacher, Performer und Geschichtenerzähler André Heller »Die wahren Abenteuer sind im Kopf, und sind sie nicht im Kopf, dann sind sie nirgendwo«. Er meinte damit aber eher, dass wir unsere eigenen Geschichten erfinden, als dass die Zeit der großen Abenteurer vorbei sei.

Das Publikum liebt Abenteuergeschichten nicht zuletzt deshalb, weil ihm ein Außenstehender das Risiko abnimmt, das einem solchen Plot innewohnt. Ein Risiko, das eher körperlich als geistig ist. Hat der Körper also keine Hauptrolle, eignet sich das Urthema Abenteuer nur bedingt als Plot. Da wir Abenteuer zudem mit der Suche nach dem Glück assoziieren, muss der Held sein trautes Heim verlassen und sich auf eine Reise begeben. Er kann zwar mit der Straßenbahn starten, muss aber irgendwann in Situationen geraten, die gefährlich sind und ihm ebenso den Atem rauben wie dem Publikum.

Wenn Prominente mit sorgenvoller Anteilsmimik in die Augen geschundener Kinder der Dritten Welt blicken, ist das zwar eine gute PR-Geschichte, aber keine aus der Kategorie Abenteuer. Greenpeace gehört zu den Non-Profit-Organisationen, die dem Publikum zeigen, dass es an seiner Stelle in den Kampf zieht und es gleichzeitig daran erinnert, dass Stellvertretung Lohnarbeit ist. Auf Bewunderung zu setzen, ist eine völlig andere Strategie als das Wecken von Mitleid. Auch wenn sich die beiden Gefühle nicht strikt voneinander trennen lassen. Doch bei der Suche nach einem Urthema geht es ja nicht um den Ausschluss von Rollen oder Bühnenbildern, sondern um die Setzung von Schwerpunkten. Wenn Harley-Davidson die Geschichte von der Abenteuerreise erzählt, dann schließt dies Bilder von Lagerfeuern, Blutsbrüderschaft und Geborgenheit nicht aus. Aber auf der Kulisse steht groß:

»It's not the destination, it's the journey«

In einer Abenteuergeschichte möchten wir an Plätze geführt werden, die nicht in den dicken Katalogen von Billigreisenanbietern aufgeführt sind. Richard Branson verspricht seinem Publikum Reisen in den Weltraum, keine geführten Stadtbesichtigungen mit anschließendem Aperitif und Knabbergebäck. Daher ist die Geschichte von Virgin stimmig, ob wir nun selbst ein Ticket für den Flug ins All lösen oder nicht. Stimmig ist auch, dass Sir Richard Branson dem Helden vom Hudson River anbot, jedes Lohnangebot zu verdoppeln, wenn er für Virgin Passagiere in den Weltraum fliegt. Denn schließlich hat Chesley Sullenberger am 15. Januar 2009 eindrücklich bewiesen, dass ein echter Abenteurer 150 Menschenleben retten kann. Auch Elon Musk kann die Abenteuergeschichte erzählen. Der CEO der Volkswagen AG hingegen nicht.

Ein Unternehmen, das seine Kerngeschichte als Abenteuer positioniert, hat seine Zielgruppe bestimmt, lange bevor die Ergebnisse des Marktforschungsinstituts vorliegen. Denn jedes Abenteuer knüpft an Märchen der Kindheit an und ist als Handlungsschema daher tief in unserem Gedächtnis verankert. Und gerade der Märchencharakter dieses Plots erlaubt Ausschmückungen und Szenen, die uns bei einem anderen Thema aufstoßen würden. Messehostessen in den Uniformen der Star Trek-Crew wirken lächerlich, wenn sie eine Geschichte von Mutter und Kind erzählen müssen. Aber wenn sie vor der Klimaerwärmung warnen und von ihrer Flucht auf einen anderen Planeten berichten, finden wir solche Kostüme wieder passend.

Den Helden einer Abenteuergeschichte mit den passenden Persönlichkeitsmerkmalen auszustatten, ist bei diesem Plot besonders wichtig. Denn ob dieses Schema die erhoffte Wirkung zeigt, steht und fällt mit dem Helden. Da die Psychologisierung der modernen Gesellschaft selbstverständlich auch unsere Erwartungen an Vorbilder beeinflusst, mögen wir kaum noch Helden, die keine Entwicklung durchmachen, sich von Partnern oder der Umwelt nicht beeinflussen lassen und einfach ihr Ding durchziehen. Trotzdem bleibt die Sehnsucht bestehen, ans Ziel zu gelangen, ohne sich selbst verändern zu müssen. Da Abenteuergeschichten dieser Sehnsucht einen Ort geben, eignen sie sich für Erzählungen, in denen psychologische Aspekte höchstens am Rande vorkommen sollen.

Plot 2: Aufstieg

> *»Um leben zu können, verkaufte ich Lastwagen, und ich hatte keine Ahnung, wie die funktionierten. Doch das war noch nicht alles. Ich wollte es gar nicht wissen. Ich hasste meinen Job. Ich hasste mein billiges, möbliertes Zimmer in der 56. Straße, in dem es von Kakerlaken wimmelte. Ich erinnere mich noch, dass ich die Krawatten an der Wand aufgehängt hatte, und wenn ich morgens nach einer frischen langte, stoben die Kakerlaken in alle Richtungen davon. … Ich wusste, dass ich alles zu gewinnen und nichts zu verlieren hatte, wenn ich den Job aufgab, den ich so wenig mochte.«*

Für den Verfasser dieser Zeilen hat sich der Jobwechsel gelohnt. Denn nachdem er sich nicht mehr Carnagey, sondern Carnegie nannte und der Welt mitteilte, wie man Freunde gewinnt und erfolgreich wird, begann sein steiler Aufstieg zum Bestsellerautor. Und obwohl Carnegie seit über sechs Jahrzehnten tot ist, sind seine Bücher noch immer so gefragt, dass inzwischen mehr als 50 Millionen Exemplare in 38 Sprachen verkauft wurden.

Doch beim Plot »Aufstieg« geht es nicht einfach darum, dem Publikum ein Rezept zu liefern, wie es finanzielle oder andere Ziele möglichst einfach erreichen kann. Beim Urthema Aufstieg steht der Weg im Fokus, den eine Person zurücklegt, bis sie von der Welt die gewünschte Anerkennung erhält.

Und damit eine solche Geschichte das Kriterium der Glaubwürdigkeit erfüllt, muss sie auch von Rückschlägen handeln, mit glücklichen Zufällen kokettieren und die

Helfer ebenfalls beim Namen nennen. Deshalb sind Biografien von Überfliegern oft interessanter als deren Rezeptsammlungen.

Aufstiegsgeschichten von Unternehmen sind wahre Hochseilakrobatik, die nur wenige Artisten beherrschen. Wer abstürzt, begeht meist den Fehler, dem Publikum die Irrwege vorzuenthalten, Menschen mit Göttern zu verwechseln oder narzisstische Komponenten zu übertreiben. Weniger gravierend und sogar ratsam sind Übertreibungen beim Beschreiben der Hindernisse, die es auf dem Weg zum Ziel zu überwinden gilt. Denn weil das alle Menschen machen, werden damit lediglich deren Erwartungen erfüllt.

Allzu glatte Lebensläufe finden wir nicht nur langweilig, sondern entsprechen auch nicht der Erfahrungswelt Ihres Publikums. »Shit happens« ist eine Aussage, die nicht erst seit »Forrest Gump« auf allgemeine Akzeptanz stößt. Und weil wir seit unseren ersten Kindheitsjahren vor allem aus Fehlern lernen, möchten wir auch wissen, welche Fehler andere begehen.

Ob eine Inszenierung dieses Motivs gelingt, steht und fällt demnach mit der Charakterisierung der Hauptperson. Gegen diese Behauptung ließe sich einwenden, dass doch jede Seifenoper vom Aufstieg eines Losers handle. Doch das ist nur bedingt richtig. Wenn Hausmeister Ehrenbrecht durch einen Lottogewinn über Nacht zum Millionär wird und am Schluss wieder den Müll der Nachbarn an die Straße stellen muss, so kann das zwar eine nette Geschichte sein, ist aber kein Gegenbeweis für meine Behauptung. Der Erfolg einer Fernsehserie basiert auf ganz anderen Faktoren. Dem Drehbuchschreiber einer Serie muss es vor allem gelingen, den Zuschauern ein Parallelleben vorzuführen. Haben sie sich einmal mit den Figuren identifiziert, darf so ziemlich jedes Thema in bunter Reihenfolge abgehandelt werden. Damit ist auch gleich der einzig mögliche Einsatzbereich für das Marketing abgesteckt. Das Unternehmen XY positioniert sich als Familie in einer Seifenoper. Das ist meines Wissens noch nie versucht worden, könnte aber durchaus reizvoll sein.

Thomas Mann war nicht der erste Schriftsteller, der mit einer Familiensaga das Publikum bis heute begeistern kann. Aber die »Buddenbrooks« gehen schließlich unter und dienen daher schlecht als Beispiel für ein Unternehmen, das mit Storytelling den Aufstieg beschleunigen will. Selbstverständlich ist jeder Aufstieg eine Geschichte wert, aber nur im Verbund mit einem Spannungselement. In der Talstation einsteigen und in der Bergstation ankommen hat nun wirklich nicht genug Essenz, den Kampf um das knappe Gut Aufmerksamkeit zu gewinnen.

Plot 3: Außenseiter
Mein Sportlehrer im Gymnasium, ein ungarischer Kugelstoßer, der nach dem gescheiterten Volksaufstand von 1956 in die Schweiz kam, ließ uns die Mannschaften selber zusammenstellen. Und zwar nach folgendem Prinzip: Die beiden besten der jeweiligen Sportart wurden in die Mitte der Turnhalle gerufen, der Rest reihte sich vor ihnen auf. Danach durfte jeder der beiden Mannschaftsführer abwechselnd einen Schüler wählen. Und so kam es bei ungerader Anzahl der Kandidaten zum sozialen Super-GAU, dass der Unsportlichste nicht einmal gewählt, sondern einer Mannschaft einfach zugeteilt wurde.

Obwohl in Lehramtsausbildungen inzwischen darauf hingewiesen wird, solche Demütigungen zu vermeiden, ist der Außenseiter damit natürlich nicht ausgestorben. Denn wo es Gemeinschaften gibt, existieren auch Normen, deren freiwillige oder unfreiwillige Nichteinhaltung Menschen ausschließt. Und weil die Gründe für eine Ausgrenzung verschiedenster Art sein können, ist der Plot vom Außenseiter ebenso allgegenwärtig wie überzeitlich. Mit ihm lassen sich Herrschafts- und Machtverhältnisse, Schönheitsideale, Gruppendynamiken, Sexualität, Minderheitsansichten, Grenzziehungen, Persönlichkeitseigenschaften oder kulturelle Eigenheiten in Geschichten verpacken.

Wer den Plot Außenseiter ins Zentrum seiner Geschichte stellt, muss sich Gedanken über die Rolle machen, die er ihm zuschreibt. Denn welchen Archetypus er verkörpert gibt dem Publikum Hinweise auf den Fortgang und die tiefere Bedeutung der Story. Ob es einen Helden als Rebell, Narren, Weisen oder Schöpfer sieht, hat Einfluss darauf, welche Gefühle dem Außenseiter entgegengebracht werden. Daher finden Sie im Anschluss an Kapitel 3 den Exkurs »Mit Archetypen arbeiten«.

Spannend ist dieser Plot auch, weil die meisten Menschen paradoxerweise sowohl Abweichler als auch Mitläufer sein wollen. Sich von anderen absetzen, ohne ausgegrenzt zu sein, ist ein allgemein verbreiteter Wunsch, den Verhaltensforscher durch zahlreiche Experimente belegt haben.

Um die Masterplots auf die noch überschaubare Zahl von 22 zu beschränken, habe ich dem Outlaw und Underdog keine eigenen Kapitel gewidmet. Zumal die Praxis zeigt, dass die Kombination mit archetypischen Rollen ausreicht, um eine Geschichte klar genug einzugrenzen.

Plot 4: Entdeckung

Bis zu fünf Millionen Leser soll jede Ausgabe des illustrierten Familienblatts »Die Gartenlaube« in seinen besten Jahren erreicht haben. Und falls Ihnen dieser Zeitschriftentitel nichts sagt, ist das verständlich, liegt doch die Erstausgabe im Jahre 1853 schon eine beachtliche Zeit zurück. Aber damals wie heute stößt es den meisten Philosophen sauer auf, dass ihre Schriften weniger Leser anziehen als triviale Mischkulturen aus Unterhaltung und Tippsammlung. Dass sich die Frage nach dem »Wer bin ich?« auf verschiedene Weise beantworten lässt, verstehen die Geschichtenerzähler offenbar besser. Heinrich von Kleist oder Johann Wolfgang von Goethe benutzten den Lesestoff des gemeinen Volkes sogar als Quellen für ihre Arbeiten. Über die wichtigsten Fragen des Menschen nachzudenken und die gefundenen Antworten schriftlich festzuhalten, ist kein Exklusivrecht akademischer Zünfte.

So nehmen ganz gewöhnliche Marketingleute, die an Storytelling glauben, das Thema Entdeckung zu Recht auf ihre Liste, nur fassen sie den Begriff großzügiger und konkreter als die Philosophen. Überall, wo ein Vorhang weggezogen werden kann, sind Entdeckungen möglich. Doch um sich gegen peinliche Voyeure abzugrenzen, kommen nur Enthüllungsstorys infrage, die etwas über menschliche Grundprobleme aussagen und deshalb mit uns selbst zu tun haben. Ob ein Inuit sein vermisstes Messer im Eis wiedergefunden hat, interessiert nur, wenn diese Entdeckungsgeschichte noch zusätzliche, mitteilungswürdige Botschaften enthält. Lese ich wieder einmal den Stapel der Werbebotschaften, die es bis in meine Wohnung geschafft haben, kommen mir Zweifel, dass diese Erkenntnis bereits Allgemeingut geworden ist. Allzu beliebig ist dieser Plot also doch nicht verwendbar.

Entdeckungsgeschichten handeln von Charakteren, sie komprimieren Erfahrungen langer Zeiträume auf ein Ereignis, nehmen uns Denkarbeit ab und simulieren für uns Handlungsalternativen. Die Realität ist nicht unsere einzige Lernplattform. Dass unser Gehirn Illusionen erschaffen kann, wurde zum Wettbewerbsvorteil, weil wir damit Möglichkeiten durchspielen können. Unterhaltung ist ein Neben-, kein Hauptprodukt.

Eine wichtige Entdeckung bringt Prozesse in Gang

Obwohl die Verwandtschaft zwischen Rätsel und Entdeckung nah ist, rechtfertigt sich eine Differenzierung der beiden Themen. Geschichten rund um ein Rätsel beschreiben eher Entwicklungsprozesse, das Geheimnis des Lebens selbst, das es zu lösen gilt. Eine wichtige Entdeckung hingegen bringt Prozesse in Gang, ist ein Katalysator, eine riesengroße Anzeigetafel, ein Wendepunkt. So führt die Entdeckung, nur noch ein halbes Jahr Lebenszeit vor sich zu haben, die beiden älteren Männer Edward Cole, gespielt von Jack Nicholson, und Carter Chambers, alias Morgan Freeman, dazu, sich all ihre ungelebten Wünsche zu erfüllen. In »The Bucket List«, zu Deutsch »Das Beste kommt zum Schluss«, erscheint hinter dem Vorhang der Tod. Weil sich eine richtige Entdeckung nicht mehr rückgängig machen oder rationalisieren lässt, ändert sich der Handlungsverlauf einer Geschichte. Eva biss ja nicht einfach in irgendeinen Apfel, sondern in eine Frucht, die am Baum der Erkenntnis hing. Und die Entdeckung, dass es Gut und Böse gibt, verhindert die Rückkehr ins Paradies. Auch die Verhaltensmuster von Kindern ändern sich unwiderruflich, nachdem sie entdeckt haben, dass ihre Eltern lügen können.

Der Plot »Entdeckung« ist auch meist das Themendach, unter dem Geschichten von Erfindungen erzählt werden. Zumal es nur eine geringfügige Rolle spielt, inwieweit der Zufall als willkommener Helfer dabei mitgewirkt hat. Wenn Sie also ihrem Publikum anschaulich darlegen wollen, wie weit der Weg zu einem innovativen Produkt war, liegt der Plot »Entdeckung« nahe.

Was sich hinter dem Vorhang verbirgt, muss keineswegs schrecklich oder tödlich sein. Aber es muss mit einer Geschichte im Zusammenhang stehen, die beim Entdecker und damit beim Publikum etwas an die Oberfläche bringt, das einen Bewusstseinsprozess auslöst. Geahnt hatte man die Neuigkeit vielleicht schon immer, nur wahrhaben wollte man ihren Inhalt nicht. Daher kann die Entdeckung auch starke Gefühle auslösen, die den Charakter der Personen zwar selten ändern, aber immer in ein anderes Licht stellen. Wird eine Schatztruhe entdeckt und geborgen, werden auch verschüttete Eigenschaften der Seele freigelegt. Dennoch oder gerade deshalb sind Entdeckungsgeschichten selten melodramatisch, sondern können, wie »The Bucket List« zeigt, sogar humorvoll sein. Und eine echte Alternative zu Analyseberichten psychiatrischer Gesellschaften.

Plot 5: Fall

Die praktische Arbeit mit dem Story-Check motivierte mich dazu, den Plot »Aufstieg und Fall« zu trennen. Denn obwohl es natürlich dramaturgisch oft sinnvoll ist, einem Niedergang den Aufstieg voranzustellen, ist dies nicht immer nötig. Und weil das Publikum gerne ein Happy End hat, kann ich eine Geschichte auch auf dem Gipfel des Erfolgs oder beim Überschreiten der Ziellinie beenden.

Marketingverantwortliche, die mit Storytelling arbeiten, gehen fälschlicherweise davon aus, dass »Fall« als Plot nicht infrage kommt. Es sei denn, man verbinde ihn mit Rivalität oder Verlierer, um missliebige Konkurrenten in die Pfanne zu hauen. Aber wie wir beim Element »Anfang und Ende« sehen werden, können wir einen Abstieg auch so beschreiben, dass er publikumsverträglich ist.

Die Suche nach den Urthemen und Plots ist ja kein Selbstzweck, sondern soll Geschichtenerzählern dabei helfen, allgemein Menschliches anzusprechen und ein tragendes Dach oder den gemeinsamen Nenner für ihre Inhalte zu finden. Und weil die Wissenschaft davon ausgeht, dass der Neid ebenfalls zu den grundsätzlichen sozialen Antrieben gehört, ist auch das Interesse für Geschichten vom Stürzen, Fallen und Straucheln groß.

Der Fall eines Gipfelstürmers kann den menschlichen Gerechtigkeitssinn befriedigen, Emotionen neutralisieren und Konformität erzeugen. Wie weit ein Spiel mit der Schadenfreude getrieben werden soll, ist dann eine Frage, die jeder Storyteller für sich beantworten muss. Ist der Charakter des fallenden Helden stark genug und vorbildlich, wird sich diese negative Freude ohnehin nicht einstellen. Der Plot »Fall« eignet sich deshalb auch, um ein moralisches Dilemma in eine Geschichte zu verpacken und es weitgehend dem Publikum zu überlassen, was richtig oder falsch ist.

Plot 6: Flucht

Dieser Plot hat viele Berührungspunkte und sogar Überschneidungen mit den Themen Verfolgung und Rettung. Flucht dennoch als eigenständiges Thema aufzuführen, ist sinnvoll, weil es darüber starke Geschichten gibt, die im kulturellen Gedächtnis tief verankert sind. Das heißt für einen Storyteller allerdings, dass er diese Geschichten beim Verfassen des Drehbuchs im Hinterkopf haben muss, um seine Version nicht ungewollt in eine falsche Richtung zu lenken.

Zu den ältesten Überlieferungen einer bekannten Flucht gehört die Auswanderung der Israeliten aus Ägypten. Selbst wenn die Bibelkenntnisse jüngerer Generationen eher dürftig sind, prägen religiöse Erzählungen die Wahrnehmung noch immer. Bei einer Flucht nimmt der Held zwar oft Hilfe von außen an, wartet jedoch nicht auf den

Retter, sondern ergreift selbst die Initiative. Er folgt einer Stimme, die ihm sagt, er müsse den unerträglich gewordenen Ort verlassen, wobei mit dem Geografischen immer auch eine Situation, eine Ordnung verbunden ist, die dem Erreichen eines wichtigen Ziels im Wege steht und der man entkommen will. Bei den Israeliten waren es die Sklaverei und die fremde Religion, aus der sie sich befreien wollten.

Die Flucht aus dem Gefängnis ist im kulturellen Gedächtnis inzwischen noch stärker verankert. Da eine Zelle auch zur Metapher für unfreiwillige Enge und langes Eingeschlossensein wurde, haben wir bei der Kulissenwahl große Freiheiten. Sympathie empfinden wir für den Flüchtenden allerdings nur, wenn wir der Meinung sind, er sitze zu Unrecht im Gefängnis und stelle für uns keine Bedrohung dar, wenn wir ihm persönlich begegnen würden. Die Rolle des Flüchtenden ist die des Opfers. Wir erwarten, dass der Flucht Bemühungen vorangingen, die unerträgliche Situation auf legalem Weg zu ändern. Diese Verhandlungen sind sogar wichtiger Teil zur Lenkung unserer Gefühle, die wir gerne rational legitimieren wollen.

Wir erwarten bei diesem Plot zudem, dass sich der Flüchtende den Weg in die Freiheit verdient, weil er widrigen Umständen eine Zeit lang standhielt, an etwas glaubt und dafür kämpft. Spaziert er einfach durch die offene Tür, sind wir zu Recht enttäuscht. Denn wir möchten ja etwas über unsere eigenen Möglichkeiten erfahren, der Enge des Alltäglichen, einem sozialen Gefüge oder der Bevormundung einer übergeordneten Macht entfliehen zu können. Zu einer Flucht gehört ein Plan, der zwar nicht kopierbar ist, aber doch Anhaltspunkte für eigene Varianten gibt. Heckt ihn der Flüchtende selbst aus, ist unsere Bewunderung noch größer, als wenn ihm ein Helfer die Lösung zusteckt. Aber solch eine Flucht kann uns zeigen, wo und wie man die richtige Unterstützung findet.

Plot 7: Identität

Wer bin ich? Brauchbare Antworten auf diese Frage zu finden, hat existenziellen Charakter. Daher ist es erstaunlich, dass Identität in vielen Aufzählungen überzeitlicher Themen fehlt. Erklärbar ist dies nur damit, dass es auf die Erforschung der eigenen Identität reduziert und damit unter dem Plot »Suche« abgehandelt wird. Doch beim Thema Identität geht es nicht nur um die Suche nach ihr, sondern auch um deren Festigung, Beibehaltung, Auswechslung und Verlust. Daher sind viele Literaturkritiker der Meinung, dass Identität das Hauptthema des Schweizer Schriftstellers Max Frisch ist.

Was der Unterschied eines Gleichheitszeichens mit zwei oder drei horizontalen Strichen ist, habe ich bis zum Abitur nicht verstanden, ist aber für Mathematiker ohnehin interessanter als für Geschichtenerzähler. Denn wir können bestens damit leben, dass es auf unseren Tätigkeitsgebieten immer nur um Annäherungen geht. Wir betrachten Identität als die Summe aller Elemente, die ein Individuum, eine Organisation oder ein Objekt von allen anderen unterscheidet. Daher verstehen wir auch, wenn Branding-Manager bei der Suche nach dem Urthema geradezu reflexartig an Identität denken. Aber das Feld, auf dem Identität beackert wird, ist sehr viel größer, wie die folgende, keineswegs vollständige Übersicht möglicher Konfliktzonen zeigt:

- Dazugehören und Abgrenzen
- Selbsterkennung und Selbstgestaltung
- psychische und physische Übereinstimmung
- Individuum und Gruppe
- Selbstbestimmung und Fremdbestimmung
- Geschlecht und Sexualität
- Gewinn und Verlust
- Ausbrechen und Eingliedern
- Stabilisieren und Schwächen
- Innen und Außen
- Sein und Schein
- Subjekt und Objekt
- Rolle und Gegenrolle
- Unreife und Reife
- Unverwechselbarkeit und Austauschbarkeit
- Realität und Fiktion
- Geheimhaltung und Offenlegung
- Vergangenheit und Gegenwart

Diese lange Liste könnte zur Ansicht verleiten, Identität sei ein Allerweltsthema, unter dessen Dach wir jede Geschichte platzieren können. Aber das trifft nicht zu. Denn wenn wir uns für den Plot Identität entscheiden, hat dies Konsequenzen. Glaubwürdig und interessant wird dieses Urthema nur dann, wenn wir ein passendes Spannungsfeld zeichnen und den Fokus auf die Elemente richten, die wir gemeinhin mit der Suche nach Identität assoziieren. Die folgende Abbildung zeigt die drei wichtigsten Elemente der Identität und ihre Gewichtung im Rahmen des Storytelling.

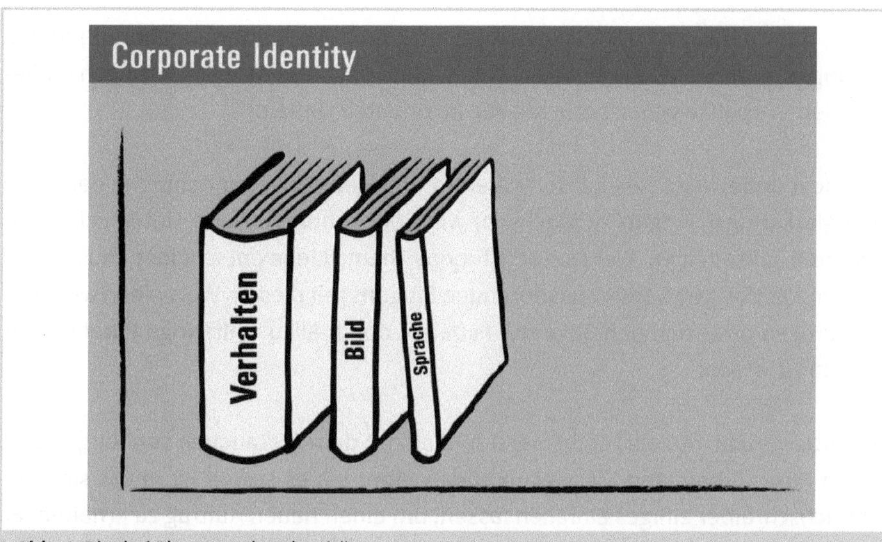

Abb. 4: Die drei Elemente der Identität

Die Größenverhältnisse der Bücher geben wieder, wie das Unbewusste Taten, Erscheinung und Wort gewichtet, um zur Identität einer Person oder sozialen Gruppe vorzudringen. Diesen auch wissenschaftlich abgesegneten Befund ernst zu nehmen, heißt für das Storytelling, dem Verhalten die größte Aufmerksamkeit zu schenken. Damit wir dem Thema Identität also gerecht werden, genügt es nicht, sie mit Adjektiven zu beschreiben. Wir müssen unsere Figuren, Unternehmen oder Objekte in Aktion zeigen, damit unser Publikum Identität als etwas sieht, das mit ihm zu tun hat und lebendig ist. Tun wir das nicht, werden unsere Geschichten zu langweiligen Statements mit dem Charakter eines Geschäftsberichts.

Plot 8: Liebe

Unternehmen und Autoren von Marketingbüchern, die Slogans oder Buchtitel rechtlich schützen lassen, die sich wirkliche Liebende einander ins Ohr flüstern, tragen nicht unbedingt zu einem besseren Ruf des Marketings bei. Und ein Verkaufstrainer, der seinen Seminarteilnehmern den Tipp gibt, ihre Kunden einfach wie Geliebte zu sehen, ist deswegen noch lange kein guter Geschichtenerzähler. »Mann liebt Frau« wird erst zu einer Geschichte, der wir zuhören wollen, wenn noch ein »aber« folgt. Dass der größte Teil aller Liebesromane im modernen Antiquariat landet, bevor die erste Auflage ausverkauft ist, weist darauf hin, dass es sich bei der Liebe um ein sperriges Thema handelt, das sich nicht handstreichartig in eine spannende Geschichte einpacken lässt. Nicht obwohl, sondern weil es das Thema Nummer 1 ist. Hinzu kommt, dass die Kunden, welcher Zielgruppe sie auch immer angehören mögen, Werbung fast immer als Werbung erkennen und falsche Liebesbeteuerungen im Geschäftsleben ebenso wenig schätzen wie im privaten Umfeld.

Zumindest unbewusst scheint der Widerstand gegen die Vereinnahmung der Liebe durch Marketingstrategen zu wachsen, wie Beobachtungen und Untersuchungen der letzten Jahre zeigen. Wer sich also für das Thema Liebe entscheidet, muss dafür mehr tun, als den 400 bereits existierenden Slogans mit diesem Wort einen weiteren hinzuzufügen oder sich den Satz *»Ich liebe es«* durch allzu willfährige Patentämter schützen zu lassen.

Eine Liebesgeschichte darf selbstverständlich mit dem Auftauchen von Ringen und mit von Rosen übersäten Kieswegen enden. Aber bis es soweit ist, muss sich der Drehbuchschreiber einiges einfallen lassen, um einen neuen Auftrag zu erhalten. Er muss ungewöhnliche Hindernisse aufbauen und noch ungewöhnlichere Hilfsmittel zu deren Überwindung erfinden. Dabei sollte er den fiesesten Lehrer übertreffen, wenn er eine Prüfung zusammenstellt. Und er ist beim Hantieren mit kleinsten Details so geschickt, dass ihn jeder Uhrenfabrikant sofort unter Vertrag nehmen würde. Ans Happy End denkt er zuletzt, da es für dessen Zustandekommen keine überragende Fantasie braucht, sondern lediglich seriöse Handwerkskunst. Er liest Dreigroschenromane, um Klischeebilder zu malen, aber auch »Anna Karenina«, »Madame Bovary« oder »Die Wahlverwandtschaften«, um sie wieder zu überpinseln. Kurz: Er hat große Achtung vor Liebesgeschichten und ebenso große Freude, sich an der schwierigsten aller Formen versuchen zu dürfen.

Naive Ratgeber können uns noch lange einreden, wir müssten die ganze Welt lieben, inklusive der bösen Nachbarn. Die Lebenserfahrung lehrt uns, dass dies nicht möglich ist und die Behauptung der Neurowissenschaftler wohl zutrifft, wonach unser Gehirn Belohnungen mit Gegenleistungen vergleicht. Eine Liebesgeschichte sollte daher nicht gleich über ein ganzes Unternehmen gestülpt werden. Das wirkt ebenso lächerlich wie unglaubwürdig. Aber für einzelne Dienstleistungen oder Produkte kann das Urthema Liebe durchaus geeignet sein. Das Versprechen eines Tierarztes alle kleinen und großen Wesen zu retten, ist unglaubwürdig. Dass er seine Patienten liebt, nehmen wir ihm eher ab.

Da ausgerechnet beim Thema Liebe so viele grobe Schnitzer unterlaufen, wiederhole ich meinen Rat nochmals: Setzen Sie es nur ein, wenn Sie das geeignete Liebespaar gefunden haben und auf einen Drehbuchschreiber zählen können, der die ganze Bandbreite dieses Motivs kennt sowie sein Handwerk wirklich beherrscht. Das bedeutet auch, neue Erkenntnisse über das Geheimnis der Liebe in die Geschichte einzuweben. Wie das Beispiel der romantischen Liebe beweist, verändern sich nämlich unsere Ansichten über Liebe und ideale Partnerschaft im Laufe der Zeit. Ein Unternehmen könnte in diesem Bereich in die Lücke springen, die traditionelle Sinnstifter hinterlassen haben. Kunden von allzu idealistischen Vorstellungen zu befreien, ist ebenfalls eine Dienstleistung, die gerade vom Unbewussten dankbar angenommen wird.

Plot 9: Maßlosigkeit

Harmoniebedürftige Menschen bedroht ihr Auftauchen, Realisten betonen deren Normalität, Zynikern gibt sie die Grundlage und Evolutionspsychologen halten sie für ein Naturgesetz. Die Maßlosigkeit ist ohne Zweifel eines der universellen und zeitlosen Themen. »Excess« nennen amerikanische Drehbuchautoren diesen Plot und erinnern damit gleich an drei lateinischen Verben als Ursprung. Ins Deutsche übertragen, ist das Bedeutungsgebiet schon sehr genau abgesteckt: übertreffen, herausgehen, herausfallen, einer Sache enteignet werden und durch einen Einschnitt abtrennen.

Vergleiche mit früheren Jahrhunderten verleiten zur Annahme, das Individuum der postmodernen, neoliberalen Konsum- und Informationsgesellschaft genieße grenzenlose Freiheiten. Doch dem ist nicht so. Jeder soziale Verband braucht Grenzen und setzt sie deshalb auch. Für die Positionierung und das Versenken der Eckpfeiler ist man jedoch auf die Maßlosigkeit von Ausreißern angewiesen. Ohne Skandale keine Übersicht, ohne Grenzen kein Rahmen, ohne Exzesse keine Sicherheitszonen. Wir müssen nicht bei Aristoteles nachlesen, warum dem so ist. Es genügt das Beobachten unseres eigenen Verhaltens und unserer Reaktionen auf Grenzüberschreitungen. Erschreckt stellen wir dann fest, dass unsere Gefühlslage zwischen Faszination und Abscheu pendelt. Aus dieser Polarität beziehen Geschichten der Maßlosigkeit ihre Spannung.

Warum die traditionelle Markt- und Meinungsforschung bei Drehbuchschreibern und Regisseuren keinen sehr guten Ruf genießt, zeigt sich nirgends so schön wie bei diesem Thema. Denn Abweichungen von gesellschaftlichen Normen öffentlich zu verurteilen, heißt noch lange nicht, das Exzessive aus der Welt schaffen zu wollen. Dürfen wir unsere Meinung anonym äußern, sind wir oft von beispielhafter Toleranz, weil wir doch genau das, was die öffentliche Moral verbietet, ebenfalls gerne täten. Hat jemand freien Zugang zur Schatzkammer, schützt selbst ein gewerkschaftlicher Hintergrund nicht zwingend vor unverschämter Selbstbereicherung. Kurz: Keine noch so eingegrenzte Zielgruppe ist von diesem Thema ausgeschlossen.

Es sind die Umstände, die darüber entscheiden, ob wir Fehltritte, Ausschweifungen oder gar Verbrechen gutheißen oder verurteilen. Auf welche Seite die Sympathie des Publikums kippt, hängt davon ab, wie wir Ereignisse und Situationen schildern, die schließlich zum Exzess führen. In diesem Part der Geschichte müssen wir unsere eigenen Nöte und Hoffnungen erkennen. Würde der 1987 erschienene Film »Wall Street« nur über wahnwitzige Finanztransaktionen erzählen, könnte er dreißig Jahre später kein Publikum mehr anziehen. Aber der Produzent, Drehbuchschreiber und Regisseur Oliver Stone weiß selbstverständlich, dass er Charakterbilder zeichnen muss und dass Insiderhandel nur ein Symbol für die verbotene Weitergabe von Geheimnissen ist. Von Cum-Ex-Geschäften und Wirecard wusste er noch nichts.

Ihm war allerdings immer klar, wie sehr das menschliche Streben nach Reichtum und Luxus gewisse Geschäftspraktiken bei den Zuschauern rechtfertigt. Damit wir die Maßlosigkeit des skrupellosen Brokers zu den dunklen Mächten zählen, braucht es den hellen Gegenpart einer emotionalen Vater-Sohn-Geschichte. Aber erst als der Vater von Bud Fox einen Herzinfarkt erleidet, beziehen wir wirklich Stellung. Das Etikett »Traumfabrik« vertuscht, dass Hollywood die menschlichen Gefühle oft wirklichkeitsnaher inszeniert als Etliches, dem wir hohen Realitätssinn zuschreiben. Offerieren wir dem Publikum ein Happy End, können wir ihm in vorangehenden Szenen ziemlich viel zumuten. Ganz große Meister wie Shakespeare dürfen sogar den glücklichen Ausgang einer Geschichte streichen.

Wer setzt den Maßstab?

Wo Maßlosigkeit beginnt, bestimmen das gesellschaftliche Umfeld und der angewendete Maßstab. Der wiederum ist nicht von göttlicher Natur, sondern wird von Menschen definiert. Das gilt für alle Bereiche, auch für die geistige Gesundheit. Daher gehören Geschichten vom Wahnsinn ebenfalls zu diesem Thema. Wie uns das Beispiel der Hysterie lehrt, sind selbst psychische Krankheiten dem Zeitgeist unterworfen. Wir können also nicht einfach alte Erfolgsgeschichten in die Gegenwart übertragen, ohne das soziologische und kulturelle Umfeld zu beachten. Jeder Zeitsprung muss seine Berechtigung und eine Funktion für die Gesamtdramaturgie haben, vor allem beim Thema Maßlosigkeit.

Jedes Thema hat seine eigene Dramaturgie, die man nur in Ausnahmefällen durchbrechen sollte. Daran hält sich bei der Darstellung des Maßlosen sogar Shakespeare. Unsere biologischen Programme erlauben es gar nicht, dass wir uns in den ersten Lebensjahren exzessiv verhalten. Übermäßiges Kindergebrüll, Tellerzerschlagen oder Lebensmittelzerstörungen werden zähneknirschend der Normalität zugerechnet. Aber auch erwachsene Helden möchten wir vor ihren Ausbrüchen zuerst als erträgliche, mehr oder weniger konforme Zeitgenossen erleben. Wir möchten wissen, wie es dazu kommen kann, dass Othello die Frau, die er liebt, erwürgt und ersticht.

Und nur weil uns Shakespeare diesen Wunsch erfüllt und wir Zeugen der unsäglichen Intrigen und Machtspiele werden, können wir Othello unsere Sympathie ebenso schenken wie seiner Frau Desdemona. Othello ist übrigens eines der unzähligen Beispiele dafür, dass wir gute Geschichten auch einfach übernehmen und für unsere Zwecke bearbeiten können. Seinen Stoff fand der englische Dramatiker beim italienischen Novellenschreiber Giovanni Battista Giraldi, genannt Cinzio. Also keine Angst vor Coverversionen.

Gewarnt sei jedoch vor der Versuchung, das Thema Maßlosigkeit mit der Darstellung des ewig Bösen zu verbinden. Bei der Inszenierung eines Exzesses geht es nicht in erster Linie um das Erteilen einer moralischen Lektion, sondern um das Beschreiben von Umständen, die zu Extremen führen, um das Herausfallen aus der Mitte und um die Folgen dieses Sturzes.

Plot 10: Opfer

Sind sie Ihnen auch schon aufgefallen, die von Streifen zu Streifen springenden Menschen bei Fußgängerübergängen? Oder Passanten, die bei Bürgersteigen die Zwischenräume der Ränder nicht betreten wollen? Während meiner Gymnasialzeit wollte ich vor Prüfungen die Götter gütig stimmen, indem ich wie ein Verrückter bis zur nächsten Querstraße rannte, um vor einem bestimmten Fahrzeug dort anzukommen. Viele solcher Handlungen sind wahrscheinlich harmlose Versuche, das Schicksal zu beeinflussen. Aber so neckisch oder absurd sie oft sind: Um den roten Faden einer Opfer-Geschichte zu knüpfen, sind sie zu nichtig. Zwar verlangt niemand mehr, dass wir unsere eigenen Kinder am Opferstock festzurren, aber allzu klein darf der Preis unserer Gabe nicht sein.

Verankerung im Religiösen

Wie jedes Urthema hat auch dieses eine Verankerung im religiösen, transzendenten Bereich, sogar eine äußerst starke. Ohne bedeutende Opfer war bei den alten Griechen kein Krieg zu gewinnen. War im Alten Testament Abraham noch bereit, seinen eigenen Sohn zu opfern, so ist es im Neuen Testament der Gottessohn selbst, der sein Leben für die Erlösung der Menschheit hergibt. Dieser Rückblick enthält auch die Botschaft, dass die Größe eines Opfers mit dem Ziel zusammenhängt, das damit erreicht werden soll. Ein paar Hüpfer über die Fugen eines Bürgersteigs, um ein Spinatgericht abzuwenden, betrachten wir noch als stimmig. Für die Gesundung eines schwer kranken Freundes reicht dieser Einsatz nicht aus.

Im Filmklassiker »High Noon« oder »Zwölf Uhr mittags« legt der Regisseur Fred Zinnemann großes Gewicht auf ein Element, das leicht übersehen wird. Wenn Gary Cooper die Kleinstadt Hadleyville durch den Einsatz seines Lebens vor der Miller-Bande schützt, löst er in der Bevölkerung gemischte Gefühle aus. Nach dem Showdown sind die Bürger gleichzeitig froh über die Rettung und beschämt wegen ihrer Feigheit. Im Schlussbild wirft Marshall Kane den Bewohnern verächtlich seinen Stern vor die Füße und verlässt mit seiner Frau die Stadt. Was der Produzent Stanley Kramer und der Drehbuchschreiber Carl Foreman dem Publikum als moralische Lektion in dieser Form mitgeben wollten, sollten wir bei unseren Zielgruppen tunlichst vermeiden. Vergessen wir also nicht, dass ein Opfer sowohl auf den Helden als auch auf das Publikum zeigt.

Die Ausbildung zum Geschichtenerzähler zählt zu den wenigen Lehrgängen, in denen Kinobesuche oder DVD-Abende zum Pflichtteil gehören. Dank meiner Arbeitsweise und Büchern wie diesem darf ich die Kosten dafür sogar von der Steuer absetzen. Wer sich das Vergnügen gönnt, Gary Cooper und Grace Kelly als Paar zu sehen, macht zugleich mit anderen wichtigen Elementen des Opfer-Themas Bekanntschaft. Solche Geschichten beginnen nicht damit, dass sich der Held überlegt, was er Gutes tun könne oder wann es wieder an der Zeit wäre, ein Opfer zu bringen.

Wie in jeder guten Abenteuergeschichte muss der Held vom Schicksal zum Aufbruch und zu großen Taten gezwungen werden. Und das Publikum muss nachvollziehen können, warum irgendwann der Zeitpunkt gekommen ist, an dem es kein Zurück mehr gibt. So zufällig das Leben auch ist, wir sind auf das Muster »Ursache-Wirkung« programmiert. Denn Geschichten wurden von der Evolution ja »erfunden«, damit wir etwas aus ihnen lernen. Das ist bei einer Aneinanderreihung von Zufällen schwer möglich. Außer der Zufall ist klar als der Hauptdarsteller erkennbar.

Wichtige Nebenrollen: Zuschauer und Helfer
Beispielhaft zeigt uns »High Noon« auch die wichtige Rolle der Zuschauer und der Helfer. An ihre Charakterisierung müssen wir beim Drehbuchschreiben ebenfalls denken, damit die Geschichte stimmig wird und nicht auf das Niveau einer billigen Soap-Opera sinkt. Welchen Personen oder Objekten ordnen wir welche Nebenrollen zu? Warum sind sie für und warum gegen das Opfer? Und welche Charaktere sollen sich im Laufe der Geschichte entwickeln? Vom Plan des Marshalls wenden sich schließlich alle ab. Bis auf einen kleinen Jungen und einen Behinderten, auf deren Hilfe er aber verzichtet, um auch deren Leben zu retten.

Und als Marshall Kane seine frühere Geliebte Helen Ramirez, die vor ihm eine Affäre mit seinem Gegner Frank Miller hatte, ebenfalls aus der Stadt schickt, weiß der Zuschauer endgültig, dass nur der Held selbst für das Opfer verantwortlich sein darf. Dass »High Noon« trotz der schwachen Charakterzeichnungen mit vier Oscars prämiert und zu einem Klassiker wurde, belegt einmal mehr die Beliebtheit einfacher Geschichten, in denen jedes Zeichen richtig gesetzt wird. Sucht man nach einem Beispiel, in dem die Charaktere der handelnden Personen mehr im Vordergrund stehen, drängt sich mit »Casablanca« ein weiterer Klassiker auf.

Selbst wenn es in modernen Opfergeschichten des Unternehmeralltags kaum mehr um Leben und Tod geht, hat dieses Thema noch immer hohe Aktualität. In Zeiten von Finanz- und Wirtschaftskrisen vielleicht noch mehr als in der Vergangenheit.

> Mit dem Opfer-Plot lässt sich inszenieren, für welche Werte ein Unternehmen eintritt und wo die Grenzen seiner Kompromissbereitschaft sind.

Gerade wenn ethische Fragen beantwortet werden müssen, reichen bloße Behauptungen nicht. Weil das Publikum ein moralisches Dilemma nachvollziehen möchte, will es eine Geschichte, in der es die notwendigen Schlüssel für das Verständnis erkennt.

Plot 11: Rache
So wenig sich neurologische Muster einfach verändern, nur weil wir es vielleicht wollen, so wenig lassen sich Themen aus der Geschichtenkiste entfernen, die nicht in unser ideologisches Schema passen. Hundert Jahre Psychologie und die damit verbundene Arbeit am eigenen *Ich* hinterließen Spuren, die unsere Wahl möglicher und passender Themen beeinflussen. Da die politische Korrektheit Rachegefühle für über-

windbar hält und ihre Existenz daher als charakterliches Defizit sieht, muss sie ins Exil der Kunst und Therapie fliehen. Ein Drehbuchschreiber muss sich also gut überlegen, ob er den Seiltanz wagen will, sie von dort in die Wirklichkeit des Alltags zurückzuholen. Aber wenn ihm dieses Kunststück gelingt, wird ihm das Publikum mit Gewissheit gratulieren. Denn schließlich weiß es nur zu genau, dass die öffentliche Verbannung menschlicher Befindlichkeiten und Triebe diese nicht automatisch eliminiert.

Rache bleibt eine der Möglichkeiten, wie der Mensch auf Ungerechtigkeit reagiert, ob uns das gefällt oder nicht. Wer meint, er müsse die griechischen Sagen zuerst von allen Rachegeschichten reinigen, bevor er sie Kindern und Jugendlichen zumuten kann, soll gleich erbaulichere Texte wählen. Shakespeares Hamlet findet noch heute sein Publikum, weil der große englische Dramatiker ein Meister im Deuten von Gefühlsregungen ist und mit seinem Helden einen Menschen auf der Bühne agieren lässt, der irdische Gerechtigkeit will und sich nicht von der Vernunft zähmen lässt.

Weil auch ein moderner Racheengel seine Existenzberechtigung von der alttestamentarischen Formel »Auge um Auge, Zahn um Zahn« ableitet, muss das Verbrechen mindestens so groß sein wie die Rache. Das heißt aber nicht, dass die Bühne von Leichen übersäht sein muss, wenn auf ihr das Stück von der Rache gespielt wird. Gleiches mit Gleichem zu vergelten, ist auf verbaler Stufe ebenfalls möglich. Oder mit einem neckischen Austausch von Sticheleien. Da negatives »Tit for Tat« der Fantasie keine Grenzen setzt, sollten Storyteller diesen Plot nicht gleich von der Suchliste streichen. Meist wird die deutsche Übersetzung »Wie du mir, so ich dir« interessanterweise ohnehin mit Rachehandlungen in Verbindung gesetzt.

Um die Geschichte in Gang zu bringen, braucht es natürlich zuerst ein Vergehen, das den Helden betrifft und ihn nicht schnell zur Ruhe kommen lässt. Doch das kleine oder große Verbrechen muss das Unrechtsbewusstsein des Publikums treffen, damit es sich mit der Story identifizieren kann. Nur wer stundenlang an einer Sandburg baute, darf damit rechnen, dass sein Rachefeldzug gegen die mutwilligen Zerstörer bei den Zuschauern auf Akzeptanz stößt. Lediglich drei Eimer mit Sand zu kippen und das Plattmachen dieser unförmigen Erhebungen mit einem Tobsuchtsanfall zu quittieren, wird eher auf mangelnde Triebbeherrschung als auf Wiederherstellung von Gerechtigkeit zurückgeführt.

Wunsch nach Sicherheit und Ordnung

Das Interesse für Rachegeschichten hängt eng mit unserem Wunsch nach Sicherheit und Ordnung zusammen. Werden allgemein akzeptierte Regeln verletzt, ohne dass offizielle Gesetzeshüter eingreifen und die Täter bestrafen, dann übertragen wir dieses Mandat demjenigen, der Stillschweigen oder Untätigkeit nicht duldet. Mag seine Rache auch ganz persönliche Motive haben, erfüllt sie dennoch eine höhere Funktion. Wenn uns der Rachefeldzug eines Helden das gute Gefühl gibt, die Welt gerate nicht aus den Fugen und die gesellschaftliche Ordnung könne nicht beliebig missachtet werden, wird der Rächer zum Stellvertreter einer übergeordneten Macht. Nach welchem Muster diese Vorlage gestrickt ist, kennt ein Storyteller von den griechischen Sagen und aus dem Alten Testament.

Gerade weil traditionelle Sinnstifter wie Religion, Staat und Familie in den letzten Jahrzehnten an Bedeutung verloren haben, können deren Funktionen inzwischen von Unternehmen oder sogar Konsumgütern übernommen werden. Ob Arnold Schwarzenegger als Politiker und Gouverneur von Kalifornien gescheitert ist oder nur zu den vielen Opfern der Finanz- und Wirtschaftskrise gehört, lasse ich offen. Aber sicher ist, dass ihn viele wählten, weil sie insgeheim hofften, Filmdrehbücher hätten mehr mit der Wirklichkeit zu tun, als Kritiker der Traumfabrik behaupten. Und wie wir aus Beobachtungen spielender Kinder lernen, kann selbst ein Teddy zum Terminator werden.

Plot 12: Rätsel

Zu den Muss-Eigenschaften, die ein Masterplot erfüllen muss, gehören Überzeitlichkeit und Universalität. Ein Thema sollte unsere Gefühle und unser Handeln bereits in den ersten Lebensjahren geprägt haben. All dies trifft für das Rätsel in exemplarischer Weise zu, was nicht weiter erstaunt, wenn »Wer bin ich?« und »Wo ist mein Platz in dieser Welt?« zu den elementaren Fragen der Menschheit gehören. So übertrieben dies für das Bewusstsein klingen mag, sind doch alle Rätsel und Geheimnisse nur Varianten dieser Fragen.

Das Grundschema ist einfach: vom Unbestimmten zum Bestimmten – von der Frage zur Antwort. Oder vom Generellen zum Spezifischen.

Wer bin ich?
Bei Vater, Mutter, Großpapa
Bin ich zu allen Zeiten.
Doch Onkel, Tante, Stiefmama,
Die kann ich gar nicht leiden.
Ein jedes Rätsel fang' ich an
Und jeden guten Rat,
Ja, leider bin ich stets beim Wort,
Doch niemals bei der Tat.

Selbstverständlich kommen in jedem Thema Fragen vor, die wir beantworten müssen, um eine Geschichte begreifen zu können. Aber wie eine ganze Industrie eindrucksvoll belegt, sind wir dazu bereit, an einer Aufführung teilzunehmen, in dem das Rätsel selbst die Hauptperson spielt. Wer bei den vorangehenden Zeilen nur halb dabei war, weil er noch immer über die Antwort des eingeschobenen Rätsels nachdenkt, hier die Lösung: Es ist der Buchstabe »R«.

Abstecher in die griechische Mythologie
Die mediale Überflutung durch Rätselhaftes in Zeitschriften, Büchern, Quizsendungen und anderen Shows könnte uns vergessen lassen, dass der spielerische Aspekt von Rätselaufgaben nur einer von vielen ist. So wie in der griechischen Mythologie geht es beim Rätsellösen sogar heute noch oft um Leben und Tod. In der Geschichte von Ödipus belagert die geheimnisvolle Sphinx die Stadt Theben und frisst jeden Vorbeikommenden auf, der ihr Rätsel nicht lösen kann.

Nur Ödipus weiß die Antwort und entkommt dem schönen Ungeheuer, das die Menschen fragte: »Was ist das? Es ist am Morgen vierfüßig, am Mittag zweifüßig, am Abend dreifüßig. Von allen Geschöpfen wechselt es allein in der Zahl seiner Füße; aber eben, wenn es die meisten Füße bewegt, sind Kraft und Schnelligkeit bei ihm am geringsten.« Dem Tod entging der griechische Vorzeigeheld, weil er sagte: »Du meinst den Menschen, der am Morgen seines Lebens, solange er ein Kind ist, auf zwei Füßen und zwei Händen kriecht. Ist er stark geworden, geht er am Mittag seines Lebens auf zwei Füßen, am Lebensabend, als Greis, bedarf er der Stütze und nimmt den Stab als dritten Fuß zu Hilfe.«

Falls Sie Rätsel und Antwort bereits kannten, umso besser. Denn diese altgriechische Sage kann uns als Mustervorlage dienen, sofern wir uns deren Fortsetzung vergegenwärtigen. Kaum hatte Ödipus das Rätsel gelöst, stürzte sich die Sphinx in den

Tod, sei es aus Scham, kein unlösbares Rätsel gestellt zu haben, sei es aus Verzweiflung über den Machtverlust. Die Geschichte vom Erfinden und Auflösen eines Rätsels ist auch eine Metapher für Machtverschiebungen. Doch der Lohn, den Ödipus für seine Antwort erhält, gibt dieser Geschichte eine zusätzliche Ebene. Ödipus bekommt zwar wie versprochen die Witwe des Königs Laos zur Frau und wird damit König von Theben. Aber er weiß nicht, dass Iokaste seine eigene Mutter ist und der tote König der von ihm vor Jahren mit eigener Hand getötete Vater. Damit hat sich die Aussage des Orakels von Delphi erfüllt, dass Ödipus – und damit der Mensch an sich – das Rätsel der eigenen Existenz nicht lösen kann.

Mit diesem Abstecher in die griechische Mythologie fordere ich nicht, die Wahl eines Rätsels als Kerngeschichte müsse mit Pathos und existenziellen Fragen einhergehen. Aber die berühmte Sphinx ist eben mehr als ein beliebtes Bildmotiv für Ägyptenreisende. Sie erinnert uns an die ursprünglichen Wurzeln aller Rätsel. Denn steht dieser Plot im Zentrum, reichen einige Fragen im Stil eines Wettbewerbs zur Gewinnung von Kundendaten nicht aus. Selbst wenn wir die Götter entthronten, blieben ihre Gespräche trotzdem im Raum und sollten nicht unbedarft lächerlich gemacht oder verniedlicht werden. Die Dinge sind nach wie vor nicht das, als was sie äußerlich erscheinen, zumindest nicht nur. Um ihnen auf den Grund zu kommen, müssen wir sie mit den berühmten W-Fragen umgarnen: »Wer?«, »Was?«, »Warum?«, »Wo?«, »Wann?« und »Wie?«. Und wir müssen darauf achten, dass die gefundenen Antworten nicht jede Interpretation zulassen.

Ein Rätsel stellen

Wenn Sie ein Rätsel stellen, sollten Sie beim Formulieren der Aufgabe immer schon an diejenigen denken, die es später lösen müssen:

- Welches ist der passende Schwierigkeitsgrad? Überforderung kann eine Zielgruppe ebenso vergraulen wie Unterforderung.
- Wie geduldig ist die Zielgruppe? Fast immer weniger, als wir meinen und hoffen.
- Welche Schlüssel sind ihr bekannt? Etappenbelohnungen spornen an.
- An welchem Ort verstecke ich die Schlüssel? Was vor den eigenen Füßen liegt, gerät nicht so schnell ins Blickfeld.
- Wo holt sich der Rätsellöser wahrscheinlich Hilfe? Hoffentlich nicht bei der Konkurrenz.

Obwohl Leser von Kriminalromanen wissen, dass der Autor und Erzähler die Lösung des Rätsels weiß, besteht der Lesespaß zu einem großen Teil darin, sich einzubilden, man sei dem Detektiv eine Spur voraus. Diese Lust sollten Sie dem Publikum beim Stellen und Lösen eines Rätsels auf keinen Fall nehmen. Denn es will bestätigt bekommen, dass auf intuitives Wissen Verlass ist, dass kluges Kombinieren das Ansehen erhöht und es ohne fremde Hilfe auf passende Lösungen kommt. Ein geschickt konstruiertes Rätsel kann durchaus dazu benutzt werden, eigene Fehler als gewollte Verfehlungen darzustellen, die dem Publikum das Finden der Lösung erschweren sollten. Spannung und Unterhaltung sind auch pädagogische Hilfsmittel.

Rätselgeschichten werden zweimal erzählt

Geschichten, in deren Mittelpunkt ein Rätsel steht, haben eine Besonderheit, die ihre Wirkungskraft wesentlich erhöht: Sie werden zweimal erzählt. Wird das Geheimnis gelüftet, spult der Zuschauer den gezeigten Film im Kopf nochmals zurück, um ihn mit der bisher unbekannten Lösungsinformation nochmals zu sehen. Schließlich möchte er die Gewissheit haben, dass alles seine Richtigkeit hatte. Wenn ein Storyteller diesen merkwürdigen Vorgang nicht berücksichtigt, kommt sich das Publikum betrogen vor. Zu den Spezialfällen dieses Plots gehören offene Enden. Das Geheimrezept für den Appenzellerkäse nie zu lüften, erlaubt unzählige Varianten dieser Erfolgsgeschichte. Wichtigere Fragen als die Herstellung einer bestimmten Käsesorte mit unklaren Andeutungen zu beantworten, empfiehlt sich nur, wenn Fortsetzungsgeschichten geplant sind und das Ende der alten Geschichte als Andockstelle für den Beginn der neuen benötigt wird.

Plot 13: Reifung

Eine Verwandlung ganz besonderer Art erleben wir in den Jahren unserer Kindheit bis zum Erwachsenwerden. Weil diese Zeit des Heranreifens mit keiner späteren Lebensperiode vergleichbar ist, figuriert sie als eigenes Thema auf unserer Liste. Eigen ist der Reifung zum Beispiel, dass wir es kaum ertragen, wenn die Entwicklung nicht positiv verläuft. Bei allen anderen Themen können wir uns die Geschichte so zurechtbasteln, dass wir dem Drehbuchschreiber den Verzicht auf ein Happy End verzeihen können. Aber bei Kindern, die das Leben noch vor sich haben, darf uns eine Darstellung ihrer noch jungen Geschichte nicht enttäuschen. Vielleicht, weil uns das den Glauben an die Unschuld rauben würde oder den letzten Zufluchtsort für die Vorstellung vom Paradies.

Die Jahre von der Geburt bis zu den ersten Gehversuchen bieten nicht den Stoff, um daraus eine Geschichte zu weben, die ein großes Publikum anzieht. Als Einzelszenen können sie ebenso nett wie wichtig sein, doch für ein abendfüllendes Programm taugen sie kaum. Das liegt wohl daran, dass uns Betrachtungen rein körperlicher Reifeprozesse schnell langweilen. Erst wenn das Bewusstsein einer Person so weit entwickelt ist, dass wir es als Spiegel unserer eigenen Identität wahrnehmen können, erwacht unser Interesse. Kurz: Babygeschichten sind das eine, Entwicklungs- und Bildungsromane das andere. Diese Einsicht führte bei einem weltweit tätigen Betreiber von Privatkrankenhäusern zur Marketingstrategie, den Geschichten von der Schwangerschaft und der Geburt einen eigenständigen Auftritt und eine eigene Bühne zu gewähren.

Für das Storytelling ist das Urthema Reifung von außerordentlicher Bedeutung. Denn nach allem, was wir bisher über das Wahrnehmen und Speichern von Geschichten erfahren haben, gibt es keinen Zeitraum, der tiefere Spuren und mehr Andockstellen hinterlässt als die Jahre bis zur Schwelle des Erwachsenseins. Aber als gute Geschichtenerzähler, die das Konstruieren gezielter Rückblenden beherrschen, dürfen wir uns ruhig auch mit den anderen Themen anfreunden. Nicht jede Zielgruppe möchte andauernd und allzu direkt an ihre ersten zwanzig Jahre erinnert werden.

Kindergeschichten sind zwar nett, werden aber keine Publikumsrenner, wenn Kinder unter sich bleiben oder niemand die Erwachsenenrolle übernimmt. Die Geschichte vom »Herr der Fliegen« wäre längst in Vergessenheit geraten und Sir William Golding, Autor von »Lord of the Flies«, wäre kaum mit dem Nobelpreis geehrt worden, wenn der Roman lediglich von einigen Jugendlichen erzählen würde, die auf einer Insel überleben wollen. Von ihrem Alter her sind die kleinen Helden zwar Symbol für Unschuld und Reinheit, aber erst mit der Übernahme von Rollen, die sonst Erwachsene innehaben, werden Geschichten möglich, die mit unserem eigenen Leben zu tun haben. Reifung durch Verlust der Unschuld, durch Auseinandersetzung mit dem Bösen, durch Vorbilder, Überstehen von Krankheiten mit der letztendlichen Rettung von außen.

Im Plot vom Heranreifen zum Erwachsenen werden wir direkt mit den Szenen unserer Ersterlebnisse konfrontiert, mit der Vertreibung aus dem Paradies und der Suche nach Alternativen. Wir erinnern uns an die Persönlichkeitseigenschaften und Verhaltensmuster von Helden, die uns auf diesem Abschnitt der Lebensreise den Weg ebneten, Richtungen vorgaben und beim Verarbeiten von Rückschlägen halfen. Und beim erneuten Zuhören erhalten wir nochmals die Lektion, dass wir eher Taten folgen als Worten – vorausgesetzt, der Verfasser einer solchen Geschichte lässt die richtigen Helden auf die Bühne und will kein pädagogisches Lehrbuch schreiben.

Plot 14: Rettung

Hemmungen? Unwissenheit? Oder gar schlechte Erfahrungen? Warum Unternehmen die Geschichten von wundersamen Rettungen vor allem Hollywood-Regisseuren und Literaten überlassen, ist angesichts ihrer Wirkungskraft erklärungsbedürftig. Liegt es an der Angst, bei missglückten Rettungsversuchen gleich eine Sammelklage an den Hälsen der Firmenanwälte zu haben? Macht man in den Vorstandsetagen ausgerechnet bei dieser Story auf Understatement? Oder weiß man ganz einfach nicht, wie beliebt und verführerisch eine solche Geschichte ist?

Möglich ist auch, dass ungeschickte Storyteller glauben, dieses Thema sei höchstens eine einzelne Szene wert, die man am besten in ein anderes Thema verpackt. Doch in der Vermischung allzu vieler Grundthemen liegt einer der häufigsten Fehler. Ein Unternehmen muss nicht zwingend zur Pharmabranche gehören, um dem Publikum eine Rettung vorführen zu dürfen. Einen müden Lokomotivführer mit einem Energydrink vor dem Einschlafen zu retten, ist durchaus ehrenwert. Damit ist wieder einmal gesagt, dass Helden, Helfer und Feinde nicht unbedingt Menschen sein müssen. Da Steven Spielberg und George Lucas die griechischen Sagen selbst gelesen haben, sind ihnen solche Merkmale von Geschichten längst klar.

Im Mittelpunkt dieses Plots stehen ein Held und sein Widersacher. Wie Leo Tolstoi bereits hervorgehoben hat, muss der Gegner nicht das Teuflische in Person sein. Die Auseinandersetzung kann sich auch um die richtige Methode einer Rettungsaktion drehen. Streiten sich zwei darum, wie ihrem kranken Kind zu helfen ist, kann das Publikum durchaus für beide Sympathie empfinden. Die Zuhörer oder Zuschauer in ein Wechselbad von Gefühlen zu tauchen, ist ein alter Trick der Geschichtenerzähler. Setzen wir im Marketing auf das Thema Rettung, können wir davon ausgehen, dass sich unser Publikum so stark mit dem Protagonistenpaar Held und Widersacher identifiziert, dass eine genaue Charakterisierung des »Opfers« nicht zwingend ist.

Der Einwand gegen Storytelling, diese Methode würde sich allzu sehr nach den Vorgaben der Künstler ausrichten, geht ins Leere. Denn es handelt sich ja nicht um Imitation, sondern um Varianten in einem anderen Bereich. Ein guter Drehbuchschreiber merkt ebenso wie sein aufmerksames Publikum, wo er von literarischen Vorlagen abweichen soll und wo Kopieren erlaubt ist. So braucht es beim Plot »Rettung« nicht jedes Mal eine Verfolgungsjagd, damit das Grundthema gewahrt bleibt. Auch hier genügt es, die Kernelemente zu bewahren, um in den Köpfen der Kunden ein bekanntes Script aufzurufen, an das die Botschaft andocken kann.

Für die dramatische Gestaltung einer Rettung kann es sich lohnen, die Widersacher direkt aufeinanderprallen zu lassen, um dem Publikum in verdichteter Form die Unterschiede zweier Vorgehensweisen zu veranschaulichen. Duelle sind Elemente etlicher Urthemen. Ein Duell kann dazu dienen, ein unentschlossenes »Opfer« auf die richtige Seite zu ziehen, damit es sich aus voller Überzeugung retten lässt. Während die beiden Widersacher oft statische Charakterzüge aufweisen, machen Gerettete Entwicklungen durch, von denen das Publikum ebenfalls träumt und für die es dem Retter dankbar ist.

Plot 15: Rivalität

Henry James sagte einmal, dass sich Menschen nur durch Kleinigkeiten unterscheiden, diese Kleinigkeiten aber deshalb umso wichtiger seien. Und es bleibt ein frommer Wunsch, dem Gehirn das Vergleichen zu verbieten. Was wir über uns wissen, wissen wir durch Vergleiche. Daher gehören Geschichten von Rivalen zum Grundinventar einsetzbarer Themen. Zu unserem Rivalen wird allerdings nur, wer auf das gleiche Ziel zusteuert. Unser Gehirn ist zu gut programmiert, als dass es unnötig Energie für Vergleiche verschwenden würde, deren Resultate nicht verwertbar sind.

Als einfache Angestellte ohne riesiges Erbschaftsvermögen nehmen wir den Kontostand eines russischen Oligarchen vielleicht zur Kenntnis, vergleichen aber unsere Zahlen kaum täglich mit den seinen. Wir ahnen nur zu genau, dass es nicht in unserer Macht liegt, den Abstand innerhalb überschaubarer Zeit aufzuholen. Aber schon beim Merkmal Schönheit denken wir anders. Hier sehen wir zumindest Möglichkeiten, dem Aussehen einer prominenten Person durch eigene Bemühungen etwas näher zu kommen, selbst ohne Personaltrainer und chirurgische Rundumerneuerung. Kurz:

> Wenn immer zwei Unternehmen, Produkte oder Menschen das gleiche Ziel verfolgen, ist das Fundament für Rivalität gelegt. Bei diesem Verhaltensmuster darf man ruhig von einem Naturgesetz sprechen.

Unser Bewusstsein trichtert uns zwar ein, wir könnten einem Wettkampf zwischen zwei Rivalen neutral zusehen, ohne Partei zu ergreifen. Aber dem ist selbstverständlich nicht so. Wollen wir bei der Niederlage unseres Sympathieträgers nicht enttäuscht sein, greifen wir einfach zur Rationalisierungsfloskel »Ich bin für die bessere Mannschaft«. Und der Schiedsrichter hält sich am Arbeitsethos fest. Der Grad einer Parteinahme kann variieren, aber nicht auf null sinken, da Informationspakete immer eine emotionale Markierung tragen. Diese lässt sich allerdings durch einen Geschichtenerzähler erheblich beeinflussen, wenn er sein Handwerk versteht.

Rivalitäten gibt es sowohl auf Erden wie auch im Himmel, wie uns die Erzählungen der großen Weltreligionen berichten. Selbst der sonst so friedliche Buddhismus kommt nicht ohne teuflische Dämonen aus, die bei der richtigen Erziehung des Menschen dem Guten im Wege stehen. Religionswissenschaftler mögen zwar mit ihrer Behauptung Recht haben, dass im Judentum kein Teufel existiert. Aber ob der Rivale personifiziert oder einfach als die andere Seite des Guten gesehen wird, ändert nichts an der Gültigkeit des Rivalen-Schemas. Wir können also getrost davon ausgehen, dass diese Mustervorlage in allen menschlichen Köpfen abgelegt ist.

Was müssen wir bei der Verwendung dieser Mustervorlage beachten? Der Schauplatz des Wettbewerbs soll überschaubar sein und die Zahl der ausgetragenen Disziplinen, in denen sich zwei Rivalen messen, darf nicht beliebig ausufern. Aus sportlicher Sicht mögen Zehnkämpfer unsere Aufmerksamkeit mehr verdienen als Sprinter, Speerwerfer oder Stabhochspringer. Doch wir bevorzugen nun einmal so einfache Geschichten wie ein Rennen über 100 Meter. Wer sich für das Thema Rivalität entscheidet, muss sich daher genau überlegen, welchen Wettkampf er dem Publikum vorführen will. »Eier legende Wollmilchsäue« hatten es schon immer etwas schwerer, unsere Herzen zu erobern. Davon können Vermarkter solcher Produkte ein Liedchen mit vielen Refrains singen.

Eine Beschränkung der Wettkampfdisziplinen gibt es nur quantitativ, nicht aber qualitativ, wie das »Guinness-Buch der Rekorde« jedes Jahr auf geradezu absurde Weise beweist. Für Storytelling ist das eine gute Nachricht, weil sich dadurch das Blickfeld in nie vermuteter Weise öffnet. Auf einem bisher unbekannten Territorium der Beste zu sein, ist besser, als einem Sieger vor gefüllten Rängen nachzuhecheln. Wir müssen lediglich dafür sorgen, dass unser Publikum der ausgewählten Disziplin seine Liebe schenkt: Keine einfache Aufgabe, aber mit Geschick und Geduld durchaus machbar. Wo noch kein Rivale auf dem Platz steht, können wir das Heft ganz in die Hand nehmen und gleich über die Eigenschaften des Gegners entscheiden. Um ihn müssen wir uns ohnehin kümmern, hat doch jede seiner Bewegungen und jedes wahrnehmbare Merkmal erheblichen Einfluss auf die Strategie unseres bevorzugten Helden.

Worin besteht der Konflikt?

Lediglich zwei Gegner am Start aufzustellen und dann über das Rennen zu berichten, genügt nicht, um das Publikum bei Laune zu halten. Es will zuerst wissen, worin der Konflikt besteht. Nur besser als andere abschneiden zu wollen, klingt allzu sehr nach Alltag. Wir müssen daher zuerst eine kleine Auslegeordnung der Gemeinsamkeiten und Unterschiede, der Stärken und Schwächen sowie der möglichen Reibungsflächen machen. Erst nach dieser Einstimmung wird das Rennen in der Regel gestartet werden. Mit Rückblenden zu arbeiten ist im Marketing sehr viel schwieriger als im Kino, wo das Publikum selbst dann sitzen bleibt, wenn ein künstlerischer Einfall des Regisseurs langweilt.

Das verinnerlichte Grundschema der Rivalen-Geschichte erlaubt uns, den Gegner zu Beginn des Rennens als Sieger zu präsentieren. Es erhöht sogar die Authentizität unserer Story, wenn wir die Mustervorlage kopieren und dem Rivalen einen Vorsprung auf den ersten Metern zugestehen. Start-Ziel-Siege sind langweilig und erregen den Verdacht, es sei nicht alles mit rechten Dingen zugegangen. Zweifel an der Rechtmäßigkeit des Siegers haben wir auch, wenn uns das Gefühl beschleicht, er habe seinen Gegner nicht mit den Mitteln geschlagen, die bei ausgeführten Wettbewerben gemessen werden. Geht es um die schnellsten Schuhe, darf die Muskelmasse nur eine Nebenrolle haben. Steht Aerodynamik im Zentrum der Aufmerksamkeit, darf es durchaus die Haartracht sein. Wie in jeder Geschichte müssen auch beim Plot »Rivalität« die ausgesandten Zeichen stimmen, damit wir von gutem Stil sprechen.

Ein wunderbares neues Beispiel für die Kraft dieses Plots hat uns eine unter dem Pseudonym Elena Ferrante schreibende Italienerin geschenkt. Doch vom Titel »Meine geniale Freundin« des ersten Bandes ihrer vierteiligen neapolitanischen Saga offenbar allzu sehr beeinflusst, wollten Klappentexter und Kritiker dem Publikum weismachen, der Plot laute »Freundschaft«. Aber dem ist glücklicherweise nicht so. Denn die Geschichte zwischen der Ich-Erzählerin Elena und ihrer lebenslangen Freundin Lila hätte kaum Millionen von Lesern begeistert und Netflix zur Verfilmung ermuntert, wenn der eigentliche Plot nicht Rivalität wäre. Nur mit diesem existenziellen Thema schafft es die Autorin, eine Frauenfreundschaft mit Nebenfiguren, allgemein Menschlichem, Politik, Mafia, Geschlechterrollen und Familienfehden zu verbinden. Da gute Geschichten ohnehin Suchtpotenzial haben, genügt es, wenn ich Storytellern den ersten Band zur Lektüre empfehle.

Plot 16: Suche

Bei diesem Handlungsschema bekommt der Held die Aufgabe, sich auf die Suche nach einer Person, einem Ort oder nach einem bestimmten Gegenstand zu machen. Ob das Gesuchte auch wirklich existiert, sichtbar oder unsichtbar ist, hat keine Bedeutung. Bedeutung muss jedoch das Gesuchte selbst haben. Denn niemand möchte bei einer Inszenierung dabei sein, in deren Mittelpunkt eine ganz gewöhnliche Fahrkarte steht, die dummerweise verloren ging. Nur falls mit diesem Stück Papier ein Geheimnis verbunden ist, dessen Enthüllung etwas mit unserer eigenen Lebensgeschichte zu tun hat, darf die Fahrkarte ins Scheinwerferlicht geraten. Beim Storytelling sollten wir immer genau unterscheiden, was zum Kern der Geschichte gehört und was lediglich zufällig aus der Requisitenkammer geholt oder als Kulisse verwendet wird.

Nur aus einer Laune heraus nach einem Gegenstand oder einer Person zu suchen, trägt keine Geschichte. Das Publikum muss das Gefühl haben, dass sich das Leben des Helden ändert, wenn er am Ziel angekommen ist. Das ist sicher der Fall, wenn ein Unternehmen jahrelang nach einem Medikament forscht, mit dem sich eine bisher unheilbare Krankheit heilen lässt. Was keinen großen Wert hat, wird den Helden kaum dazu antreiben, bei der Suche hohe Risiken einzugehen, gewohnte Verhaltensweisen zu verletzen, alte Freundschaften aufzukündigen und vermeintliche Grenzen zu überwinden. In diesem Handlungsschema endet die Reise oft dort, wo sie begann.

Da das Publikum weiß, dass eine schwierige Suche nicht ohne Rückschläge sein kann, eignet sich dieser Plot für Erzählungen von Irrwegen, die ein Unternehmen, ein Produkt oder eine Idee hinter sich hat.

Wie sehr wir bereit sind, selbst absolut verkürzte Varianten dieses Plots zu akzeptieren, zeigt der erfolgreiche Werbespot des schweizerischen Kräuterbonbons Ricola. Denn die bekannte Frage »Wer hat's erfunden?« weist nach jeder Episode darauf hin, dass jemand die Mühe auf sich genommen hat, in der Natur nach guten Kräutern zu suchen und so lange mit ihnen zu experimentieren, bis ein ebenso schmackhaftes wie gesundes Bonbon gefunden wurde.

Plot 17: Verbotene Liebe

Weil die Liebe in ihrer Blindheit jede Grenze überwindet, fasziniert uns das Thema ihrer Verhinderung. Doch wir müssen uns bei diesem Plot ganz schnell von der Vorstellung lösen, hier stünden immer Affären im Mittelpunkt. Auf Seitensprünge zu verweisen, ist zwar erlaubt, aber nicht notwendig. Mehr und besseren Stoff liefert die Überschreitung von Grenzen, die uns die soziale Gruppe vorgibt, in der wir uns bewegen: Eltern, wenn sie uns den Umgang mit dem Nachbarskind verbieten, Ehemänner, die sich über das weibliche Verhältnis zu Schuhen aufregen, Veganer, die jeden McDonald's-Besucher mit Verachtung strafen, Golffreunde, die sich über die junge Begleiterin ihres Geschäftskollegen aufregen oder Technikfreaks, die einen Glaubenskrieg um das richtige Smartphone entfachen.

Der Gesellschaft sei Dank, dass sie Grenzen setzt. Denn für Geschichtenerfinder, die vor lauter Arbeit an Zielgruppendefinitionen kaum zum Schreiben kommen, ist die verbotene Liebe ein Glücksfall. Sofort die Gebiete abzustecken, in denen sich dieses Thema abspielen könnte, gehört also zu den Pflichtaufgaben im Storytelling. Wie wir aus eigener Erfahrung wissen, war uns schon als Kind jeder willkommen, der sich auf unsere Seite schlug, wenn wir die Rechtmäßigkeit unserer Gefühle verteidigen und beweisen mussten. Nur auf virtuellen Beistand zu setzen, ist selbst der »Generation Internet« zu wenig. Unternehmen, die Homosexuellen bereits Rückendeckung gaben, als man für gleichgeschlechtliche Liebe noch seinen Job, sein Ansehen oder gar Gefängnis riskierte, schufen sich einen Wettbewerbsvorteil. Wer Geschichten erzählt, die an den Rändern der Gesellschaft spielen, kann zwar scheitern, ist aber näher beim Neuen, wenn seine Aufführungen gelingen.

Was und wer die Liebe der Mehrheit verdient, ist nicht in Stein gehauen wie die Zehn Gebote. Selbst die Codes für Schönheit, Intelligenz oder Erfolg sind kleinen und großen Launen des Zeitgeistes ausgeliefert. Die Hauptfeinde einer verbotenen Liebe müssen wir demnach immer bei den Mehrheiten suchen. Nicht vergessen sollten wir jedoch die Gegner in den eigenen Reihen, die Grenzgänger und Windfahnen. Kenntnisse ihrer Denk- und Verhaltensmuster können uns für die Festlegung der Strategie wertvolle Hinweise liefern. Holen wir sie bei inneren Werten ab? Oder sollen wir ihnen ein paradiesisches Zukunftsbild malen, um sie als verlässliche Partner zu gewinnen? Wie weit lassen sie sich in Kulturkämpfe verwickeln und wie können wir sie bei ihren persönlichen Erlebnissen abholen? Wie stark sind ihre emotionalen Verbindungen zum Gegner?

> Zielgruppenmarketing ist eher Kultur-, Sozial- und Religionsgeschichte als Statistik und Demografie.

Vom Film »Harold und Maude« können wir mehr über generationenübergreifendes Marketing lernen als von jeder noch so ausgeklügelten Theorie. Zum Beispiel, dass ein Zeichen so stark sein kann, dass es die Wahrnehmung des Publikums während der ganzen Geschichte lenkt, ohne dauernd wiederholt werden zu müssen. Damit meine ich die kurze Szene, in der auf Maudes Unterarm eine tätowierte Nummer zu sehen ist. Damit ist das Spannungsfeld »lebensfroh trotz Alter und schwieriger Vergangenheit« kontra »depressiv trotz Jugend und Reichtum« festgelegt.

Das Thema »Verbotene Liebe« handelt letztlich immer von der Verletzung gesellschaftlicher Regelwerke und damit vom Widerstand. Der kann sich gegen das Unbekannte richten, Absurditäten der Political Correctness, spezielle Peergroups und alle Tabuthemen.

Diese inhaltliche Vielfalt sollte auch Marketingverantwortliche von innovativen Unternehmen hellhörig machen. Denn einer Liebesgeschichte hören wir lieber zu als einem Vortag über technische Errungenschaften, die wir kaum unserem Erfahrungsschatz zuordnen können. So unverständlich mir vor Jahrzehnten der Klirrfaktor eines Plattenspielers war, so wenig sagt den meisten Käufern einer Kamera, was Pixelzahlen mit guten Bildern zu tun haben. Fast scheint es, die Liebe zu Qualitätslinsen sei verboten.

Mittelmäßige Geschichtenerzähler erliegen häufig dem Irrtum, die Freiheit des Individuums sei in der westlichen Konsumgesellschaft so groß, dass der Kampf gegen Konventionen kein gutes Thema mehr sei. Das Gegenteil trifft zu. Denn die vom gegenwärtigen Zeitgeist geforderte Arbeit am eigenen Ich setzt zum Teil engere Grenzen als früher.

Auch wer sich der Liebe zu einer Ideologie widersetzt, gehört zum Personeninventar des Plots »Verbotene Liebe«. Das können schweigsame Männer sein, die dem kommunikativen Regelwerk der Psychologie nicht entsprechen wollen, Frauen, die ihre Bestimmung im Muttersein sehen, Kinder, die lieber im Wald spielen als vor dem Computer zu sitzen, Pubertierende, die Mitteilungen auf Facebook doof und ihr Tagebuch unter dem Bett cool finden, oder den Body-Mass-Index ignorierende Gegner der Selbstoptimierer. Zielgruppenorientiertes Marketing wird an der Inszenierung verbotener Liebe nicht vorbeikommen. Und der deutsche Journalist Harald Martenstein beweist mit seiner wöchentlichen Kolumne im Zeit-Magazin, dass der Plot »Verbotene Liebe« ein nie versiegendes Reservoir guter Geschichten ist.

Plot 18: Verfolgung

Viele der beliebtesten Kinderspiele erzählen die Geschichte vom Jäger und Gejagten, die eine Szene aus dem Themenbereich »Gut und Böse« heraushebt und als eigenständige Inszenierung aufführt. Aus unzähligen Verfolgungsgeschichten lernen wir schon früh, dass es neben der offiziellen Auffassung von Intelligenz noch andere Verhaltensweisen gibt, die für den Erfolg wichtig sind.

Verfolgergeschichten eignen sich daher gut, wenn ein Unternehmen Eigenschaften ins Zentrum stellen möchte, die der Political Correctness widersprechen, in moralischen Grauzonen liegen oder in Italien als »Furbezza«, holperig mit »Schlaufuchsigkeit« übersetzt, hohes Ansehen genießen, bei uns aber eher den Geruch der Durchtriebenheit haben.

Das Grundschema ist so simpel, dass wir es leicht übersehen, obwohl wir es stundenlang geübt haben: Ich verstecke mich – du suchst mich. Es gibt nur wenige erzählerische Grundmuster, die sich so einfach variieren lassen. Steven Spielberg schaffte mit seinem ersten Film »Das Duell« gleich den Durchbruch, weil er dem Publikum vorführte, dass ein einziger Handlungsstrang, nämlich die Verfolgung eines Personenwagens durch einen Laster, eine tragende Geschichte sein kann. Der Film ist zudem ein weiteres Beispiel dafür, dass Zuhörer und Zuschauer jede Erzählung mit ihrem eigenen Erleben verbinden und unbelebte Objekte automatisch in belebte verwandeln, wenn sie dadurch mögliche Antworten auf die Frage »Wer bin ich?« erhalten. Gerade weil wir bis zum Schluss nicht wissen, wer hinter dem Steuer des riesigen Lasters durch die Windschutzscheibe blickt, können wir unsere eigenen Feinde ans Lenkrad setzen.

Wer seine Gegner mit Namen nennt, gibt ihnen unnötig Macht und engt den eigenen Handlungsspielraum ein. Aber, und davor scheuen sich vor lauter Psychologisierung viele, wir müssen einen klaren Gegenspieler auf der Bühne präsentieren, um an Kindheitserlebnisse andocken zu können. Eltern tun ihren Kindern keinen Gefallen, wenn sie ihnen ethisch-moralische Vorträge halten, statt Zuflucht vor einem Spielkameraden, Lehrer oder Nachbarn zu bieten.

Grundsätzlich sind die Rollen des Verfolgers und des Verfolgten neutral. Erst durch deren Aufladung mit Zeichen wird der moralische Wert bestimmt. Wie leicht sich unsere Sympathien steuern lassen, zeigen die Filme großer Regisseure und Serien genialer Drehbuchschreiber. Die eigene Geschichte des Unternehmens oder des Produkts bestimmt also die Rollen im Verfolgerspiel, was dessen Anwendung noch einfacher macht. Selbst wenn es im Internetzeitalter schwieriger geworden ist, die Deutungsmacht zu behalten, sind Marketing- und PR-Abteilungen den neuen Medien und deren Benutzer nicht gänzlich ausgeliefert.

Das Verfolger-Script lässt die Möglichkeit zu, dass sich das Gute und das Böse am Ende finden, zu einem Paar werden und dann gemeinsam einen neuen Feind jagen oder im Visier eines Gegners stehen. Die Offenheit in der Entwicklung eines Grundschemas gehört zu den Stärken einer Kerngeschichte. Das Unvorhersehbare kommt nicht nur der Realität komplexer Systeme entgegen, sondern auch dem Wunsch des Publikums nach Geheimnissen und Überraschungen. Eine gut gestrickte Verfolgergeschichte kann mit Szenen punkten, die ohne Einbindung in Storytelling von der Öffentlichkeit als Verschleierungstaktik, Zickzackkurs oder erzwungene Geständnisse interpretiert werden können.

Wie Apple die Verfolger durch Geheimhaltung des eigenen Verhaltens irritieren und auf Distanz halten, wird vom treuen Publikum bewundert.

Spiel mit der Wahrheit

Wenn Objektivität unmöglich und langweilig ist, verzichtet man lieber gleich auf den Versuch, die Realität so wiederzugeben, wie sie ist. Geschichtenerzähler haben einen anderen Wahrheitsbegriff als Wissenschaftler. Lange bevor die Konstruktivisten behaupteten, die Wirklichkeit lasse sich nicht einfangen, sondern nur immer wieder neu zusammensetzen, gehörte Wahrheit zu den Puzzlesteinen, die zwar zu einem Bild gehören, aber nur im Verbund mit anderen Elementen. Legt der Verfolger einen Köder aus, dann beißt der Verfolgte ja nur an, wenn er das Spiel mit der Wahrheit nicht durchschaut. Daher finden sich in einer Verfolgergeschichte bei genauer Analyse unzählige Klischees, die wir außerhalb ihrer Inszenierung kaum ertragen und als plump, überholt oder peinlich bezeichnen würden. Eingebunden in die Geschichte von Gut und Böse, akzeptieren wir sogar, dass Walt Disneys Panzerknacker selbst außerhalb der Gefängnismauern mit gestreifter und nummerierter Sträflingskleidung umherlaufen. Einfache Charaktere und Gemüter bekommen in einer komplexen, unübersichtlichen Welt eine neue Funktion.

Die Gegenüberstellung eines James-Bond-Films mit Agatha Christies »Mord im Orientexpress« illustriert, dass eine Verfolgergeschichte an keinen Ort gebunden ist. Der Verfolgte kann um die ganze Welt reisen oder in einem fahrenden Zug gefangen sein, ohne dass dies Einfluss auf die Qualität der Geschichte hat. Setzt bei diesem Plot der Drehbuchschreiber die Eckpunkte richtig, ist die Aufführung schon halb geglückt. Dem Zuschauer muss lediglich klar sein, wer welche Rolle einnimmt und worum es bei der Jagd geht. Zudem erwartet das Publikum, dass in die Handlung Gefahrenelemente eingebaut werden, die für Spannung sorgen. Müssten die Apple-

Fans und Journalisten nicht davor zittern, dass ein untreuer Mitarbeiter Bilder vom neuen iPhone ins Netz stellt, würde die offizielle Präsentation viel von ihrem Reiz verlieren. Erwartet wird zudem, dass die Regeln der Verfolgungsjagd bekannt gegeben werden, sich nicht dauernd ändern und einer nachvollziehbaren Logik folgen.

Plot 19: Vergebung

Da sich Plots im Sinne von Urthemen überzeitlichen Verhaltensmustern von Menschen annehmen, spielen sie in den heiligen Schriften der Weltreligionen eine wesentliche Rolle. Und da jede Religion Vergebung ein bisschen anders definiert, sind auch alle heutigen Interpretationen schon einmal erzählt worden.

Eine schnell dahin gesagte »Entschuldigung« reicht natürlich nicht aus, um eine tragende Geschichte zu erzählen. Denn Vergeben ist ein längerer Prozess, weshalb auch oft von der Reise oder vom Weg des Vergebens gesprochen wird. Der klassische Aufbau eines Dramas eignet sich deshalb gut, um diesem Prozess eine Struktur zu geben.

Würden sich Kommunikationsverantwortliche großer Unternehmen mehr mit der Psychologie dieser menschlichen Konfliktlösung beschäftigen, könnten sie glaubhaftere Geschichten erzählen. Denn weil Vergebung nicht gefordert werden kann, wirken solche Aufrufe lächerlich oder zumindest nicht authentisch. Schon gar nicht, wenn der Fordernde keine Reue für die Verletzung gesellschaftlicher Normen zeigt und darauf baut, dass sich Wunden mit der Zeit von alleine schließen.

Ein guter Storyteller weiß, dass Vergebung nicht Vergessen, Billigung oder Akzeptieren bedeutet. Und es ist ihm bewusst, dass es nach dem Vergeben auch zum Ende einer Beziehung kommen kann, falls die Versöhnung mit dem Täter ausbleibt.

Steven Spielberg hatte große Zweifel, ob er der Aufgabe gewachsen ist, die Geschichte des Industriellen Oskar Schindler zu verfilmen. Daher beschäftigte er sich intensiv mit dem Thema Vergebung, um die psychologische Dimension zu erfassen, die ein Verzicht auf die Opferrolle bedeutet. Soll der Plot Vergebung nicht zu einer platten Geschichte werden, muss man dem Publikum zeigen oder es zumindest erahnen lassen, welche Fesseln ein Opfer zuerst lösen muss, bevor es dem Täter verzeihen kann. Das Opfer möchte nachvollziehen können, welche Gründe und Umstände zum Verhalten des Täters führten, will ein Bekenntnis zur Verantwortung hören, ein Einsichtsversprechen abnehmen und ein Angebot zur Wiedergutmachung erhalten.

Obwohl oder gerade weil die Grenzen zum Plot »Opfer« fließend sind, muss man sorgfältig abwägen, ob man den Akt des Verzeihens und den Weg dorthin ins Zentrum seiner Geschichte stellen will. Denn ein Urthema, das im kollektiven Gedächtnis der Menschheit abgespeichert ist, lässt sich nicht beliebig interpretieren. Und kleine Verletzungen wie ein vergessener Hochzeitstag oder eine harsche Kritik haben einen zu geringen Schweregrad, um die Wahl dieses Plots zu rechtfertigen.

Plot 20: Verlierer
Geht das in der heutigen Leistungsgesellschaft noch? Sich mit der Rolle eines Verlierers positiv bemerkbar zu machen? Ja, das kann funktionieren, wenn wir das Thema Rivalität gut verstanden haben und die besonderen Eigenschaften angemessen berücksichtigen, die den zum Vorbild gewordenen Verlierer auszeichnen. Auch von solchen, die wie Jeanne d'Arc auf dem Scheiterhaufen endeten und gerade durch ihren gewaltsamen Tod über ihr Leben hinauswirkten.

Aschenputtel und seine Stiefschwestern
Trotzdem ist es für ein Unternehmen besser, nach Mustervorlagen mit einem Happy End Ausschau zu halten, da von Nachrufen eher andere profitieren. Eine solche Vorlage wurde im China des 9. Jahrhunderts geschrieben. Sie eroberte die Welt jedoch erst, als sie von den Gebrüdern Grimm entdeckt und 1812 in ihre Sammlung von Kinder- und Hausmärchen aufgenommen wurde. Die Rede ist von »Cinderella« oder »Aschenputtel«. Die Disney-Version lassen wir besser außer Acht, da sie allzu sehr auf den Prinzen ausgerichtet ist und der Rivalität zwischen Aschenputtel und ihren Stiefschwestern zu wenig Beachtung schenkt. Aber genau solche Beziehungen sind wichtig, um die Grundstruktur einer guten Verlierer-Geschichte zu verstehen.

Aschenputtel gerät nicht wegen schlechter Charaktereigenschaften, mangelnder Pflichterfüllung oder wegen Verhaltensauffälligkeiten auf die Verliererstraße. Das schöne Kind wächst in einem reichen Haus auf und hat eine goldene Zukunft vor sich, bis ihr das Schicksal die Mutter nimmt und der Vater ein halbes Jahr später eine neue Frau heiratet. Nun ist Aschenputtel in der Rolle des Stiefkindes, das von ihren beiden Halbschwestern und deren Mutter schikaniert wird. Ihr Verliererstatus ist also nicht selbst verschuldet. Schön und reich sind sie alle. Nur in ihrem Innenleben, in ihren Wünschen unterscheiden sie sich. Seinen beiden Stieftöchtern soll der Vater von einer Messe schöne Kleider und wertvollen Schmuck mitbringen, seiner leiblichen Tochter jedoch den ersten Zweig, der ihm auf dem Heimweg an den Hut stößt. Den pflanzt Aschenputtel dann aufs Grab ihrer Mutter und bringt ihn mit ihren Tränen zum Wachsen. Dass dies dreimal pro Woche geschieht, ist für die Märchensymbolik typisch und wiederholt sich später bei der Werbung um den Prinzen und bei der Suche nach der rechtmäßigen Besitzerin der goldenen Schuhe. Würden sich Geschichtenerzähler an das Schema der Wiederholung halten, wäre schon viel gewonnen.

Es ist keineswegs so, dass sich Aschenputtel nicht gegen ihr Schicksal und die Ungerechtigkeit wehrt, wie ihr das zum Teil vorgeworfen wird.

Nur ein Verlierer, der sich wehrt, kann unsere Sympathie gewinnen.

Aber die Grimm'sche Version der Aschenputtel-Geschichte zeigt uns, dass der Kampf innerhalb der gezogenen Grenzen und mit den eigenen Mitteln erfolgen muss. So wie der Underdog »Rocky Balboa« seinen Körper durch Treppenlaufen auf den großen Boxkampf vorbereitet, weil ihm kein Trainingscenter zur Verfügung steht, so vertraut Aschenputtel ihrem Herzen und einigen Helfern, die nicht menschlicher Natur sind. Mit Verlierergeschichten lassen sich Eigenschaften hervorheben, die sonst wenig Beachtung finden. Wenn »kindgerechte« Bearbeitungen der Aschenputtel-Geschichte die Schlussszene streichen, in der Vögel den beiden Stiefschwestern die Augen aushacken, so geht ein wichtiges Element verloren. Denn es ist von Bedeutung, dass die Bestrafung der Unterdrücker von den Tauben und damit von den Helfern Aschenputtels ausgeführt wird.

Starke Geschichten arbeiten mit Symbolen, Wiederholungen und Spiegelungen. Sie übernehmen bekannte Zeichen anderer Erzählungen und setzen sie in einen neuen Rahmen.

Wenn sich Aschenputtel statt in ein Bett in die Asche neben den Herd legen muss und die böse Stiefmutter die Erbsen in die Asche wirft, dann ist die Verbindung zum Phönix-Mythos gegeben. Und wenn Aschenputtel tagsüber die Rolle einer Magd übernehmen muss und in der Nacht zur Prinzessin wird, sieht das Publikum das Motiv der Versöhnung von Gegensätzen.

Um den Verlierer besser vom Rivalen und Außenseiter abzugrenzen, in deren Geschichte er ja ebenfalls vorkommt, denken wir vielleicht besser an den englischen Begriff »Underdog«, den wir lieber mit »Benachteiligter« als mit »Unterhund« übersetzen.

Einen eigenen Auftritt auf der Bühne der Urthemen verdient der Verlierer deshalb, weil er einen Typus verkörpert, der unseren Beschützerinstinkt weckt, weil wir seine Stärken meist erst im Verlaufe seines Aufbegehrens erfassen und er uns an viele Situationen der eigenen Kindheit erinnert.

Plot 21: Versuchung

Geschichten von den Reizen und Gefahren der Versuchung gehören selbstredend zum Grundinventar der Themenliste. Will man das große Spektrum dieses Plots erkennen und verstehen, ist die Lektüre des Sündenfalls Pflicht. Adam und Eva mussten das Paradies ja nicht deshalb verlassen, weil der Biss in einen knackigen Apfel so verlockend ist. Die Überredungskünste der teuflischen Schlange hätten ebenfalls nicht genügt, um das Risiko einer so harten Bestrafung einzugehen. Nein, im Paradies stand eben auch der Baum der Erkenntnis. Damit weist diese Urgeschichte nicht nur auf den Verlust hin, den ein Nachgeben mit sich bringt, sondern auch auf den Gewinn durch Erkenntnis. Zudem steht der Baum für ein Muster, das in jeder Geschichte von der Versuchung steckt, nämlich der Machtkampf zwischen dem Bewussten und dem Unbewussten. Soll ich auf die Vernunft setzen und widerstehen oder meinen Gefühlen, meiner Lust nachgeben und zugreifen? Diese Frage begleitet uns das ganze Leben. Manchmal sind wir in der Rolle des Verführers, dann wieder in der des Verführten.

Wählt ein Storyteller dieses Thema als Kerngeschichte, so setzt er die Tätigkeit in den Mittelpunkt seiner Erzählung. Wie direkt er dies sein Publikum spüren lassen will, kann er selbst entscheiden. Es ist sogar möglich, ein Drehbuch zu schreiben, das den Verführer zum Verführten macht, den Täter zum Opfer und den Bösen zum Guten, ohne dass der Held die Gunst des Publikums verliert. Da wir alle gelegentlich schwach sind und sündigen, zögern wir beim Verurteilen von Ebenbildern. Unser eigenes Rechtsempfinden steht letztlich immer über demjenigen der Gesellschaft.

In den Märchensammlungen kommt das Motiv der Verführung auch deshalb so oft vor, weil diese Geschichten in einer Zeit zusammengetragen wurden, als Religionen die gesellschaftliche Ordnung und die menschliche Wahrnehmung noch sehr viel stärker beeinflussten als heute.

Wir sollten davon ausgehen, dass Versuchung eng mit dem Transzendenten verbunden ist und der allzu saloppe Umgang mit diesem Motiv religiöse Gefühle verletzen kann.

Für die Dramaturgie einer Versuchungs-Geschichte ist es notwendig, den Tauschhandel genau zu beschreiben. Wer bietet wem was an? Und wer muss bei einem erfolgreichen Abschluss welchen Preis bezahlen? Weiß der Drehbuchschreiber aber vor dem Publikum, dass eine nachträgliche Korrektur der Geschäftsbedingungen erfolgen wird, dann muss er diese so klug formulieren können, wie dies Goethe bei der Wette gelang, die Faust mit dem Teufel schließt. Vielleicht müsste man die wichtigsten Werke des Weimarer Dichterfürsten ebenfalls auf die Pflichtlektüreliste für Storyteller nehmen. Für amerikanische Drehbuchschreiber und Regisseure gehören sie oft zu den einzigen Werken deutscher Sprache, die sie kennen.

Die größte Gefahr bei der Verwendung dieses Plots geht von seiner Beliebtheit in der Werbebranche aus. Da viele mittelmäßige Werber der Meinung sind, die Verführung der Konsumenten zum Kauf bedinge zwingend die Aufführung einer »Versuchungs-Geschichte«, wurden allzu viele »Mustervorlagen« geschaffen, die ihrerseits die wirklich guten Ansätze negativ beeinflussen. Versuchung ist eben mehr als rollende Kinderaugen, schmachtende Frauenblicke und begehrende Männerpupillen.

Darstellung von inneren Konflikten

In den Urgeschichten der Versuchung werden vor allem die Charaktereigenschaften der Handelnden dargestellt, ihre Sehnsüchte, Befangenheiten und Triebe. Auf welche Wünsche muss das Individuum der Gemeinschaft zuliebe verzichten? Wo kann der Verführte Hilfe bekommen, um zu widerstehen? Wann überschreitet der Verführer beim Einsatz seiner Mittel moralische Grenzen – und wann ist das sogar gut? Das Objekt der Verführung dient der Darstellung innerer Konflikte von Menschen, die an diesem Handel direkt beteiligt oder als Zuschauer anwesend sind. Bei Versuchungen, die das Publikum fesseln, sind große Gefühle im Spiel, nicht nur Pralinen neben der Kasse eines Supermarkts.

Plot 22: Verwandlung

Die Popdiva Madonna ist nicht die einzige Heldin, die mit der Geschichte vom ewigen Wandel ihre Karriere vorantrieb. Ihr Beispiel zeigt zudem, wie andockfähig jedes Urthema ist, falls man die Grundregeln befolgt. Obwohl Madonna in erster Linie als Musikerin wahrgenommen werden will, hat sie den Mut, dieser Geschichte nur Nebenrollen zuzugestehen, damit die Story von der Metamorphose wirklich durchdringt. Ob Madonna es noch schafft, auch die natürliche Verwandlung eines alternden Körpers mit ihren bisherigen Geschichten zu verbinden, wird sich zeigen. Einfach ist diese Aufgabe nicht.

Wer sich für den Plot Verwandlung entscheidet, muss seinen Handlungsspielraum nicht einschränken, indem er sich auf ein einziges Ereignis konzentriert. Das Publikum liebt es auch, wenn es immer der gleichen Verwandlung zusehen darf, falls diese spektakulär genug ist, das Helle ins Dunkle überführt, das Gute ins Böse oder das Reale ins Fantastische. Oder wenn es ahnt, dass all diese Wiederholungen nur das Vorspiel zum großen Finale sind.

Vorgeschichte der Verwandlung

Zur Vorgeschichte einer Verwandlung gehört vielfach ein Fluch, eine Verwünschung, ein Bann. Die natürliche Ordnung wurde gestört und muss wiederhergestellt werden. Aber dazu braucht es ein Hilfs- oder Heilmittel. Da der Storyteller weiß, dass die Liebe im kulturellen Gedächtnis als besonders wirkungsvolles Medikament gilt, ist sie fast immer Bestandteil der Rezeptur, zumal Liebe unzählige Formen annehmen kann, selbst ein Verwandlungskünstler ist und sich mit der Aura des Wunderbaren umgibt. Das ist immer dann von Nutzen, wenn man auf eine lange Entwicklungsstory verzichten will oder muss. Der Wendepunkt kann durch einen Kuss ausgelöst werden, wie uns die Disney-Version vom Froschkönig weismachen will, oder durch den Versuch, das Hässliche zu töten, indem man es mit voller Wucht gegen die Wand wirft, wie es in der Grimm'schen Fassung steht. In der Disney-Version ist die Prinzessin eher der verlängerte Arm ihres guten Vaters als eine eigenständige Persönlichkeit. Aber beide Fassungen finden offensichtlich ihr Publikum, was bei einem stimmigen Kern nicht wirklich überrascht.

Amerikanische Drehbuch-Ratgeber unterscheiden »Metamorphosis« manchmal von »Transformation«, was aber eher Verwirrung als Klärung schafft. Sinn ergibt diese Differenzierung nur, wenn der zeitliche Aspekt einer Verwandlung im Vordergrund steht. Denn »Transformation« ist eher ein langsamer Vorgang, in dem oft das Paar Schüler und Meister zu einem Auftritt kommt. Selbsterkundung, Selbsterkenntnis und Formen der Läuterung werden genauer beschrieben und mit der Verwandlung in Beziehung gesetzt. Doch letztlich geht es sowohl im »Metamorphose-Plot« als auch im »Transformations-Plot« um Entwicklung und Verwandlung eines Charakters, um Auflösung gewohnter Muster und ihre Überführung in neue, dem Ideal eines guten Menschen näher kommende Vorlagen. Daher eignen sich diese Themen nur bedingt als Plattform für Actionszenen, dafür umso besser zur Darstellung von Ordnungsmustern wie Rituale oder Vorbilder.

3.1.2 Masterplots als Polaritäten

Bevor ich die scheinbar unendliche Themenvielfalt von Geschichten mit den Masterplots auf eine überschaubare Zahl eingrenzte, arbeitete ich mit Polaritäten. Und weil sich diese Form einer Reduktion ebenfalls bewährte, möchte ich sie Ihnen nicht vorenthalten. Zumal das Denken in Gegensätzen andere Assoziationsketten in Gang setzt, positive und negative Aspekte ins Gleichgewicht bringt, das Erkennen der Spannungsbögen erleichtert sowie passende Handlungsstränge bereits andeuten kann.

Urthemen als Polaritäten zu sehen hat außerdem den Vorteil, unser Denken wenigstens teilweise der Arbeitsweise des Unbewussten anzugleichen. Denn wie wir bereits im Kapitel 2.2.4 »Wahrscheinlich, aber nicht wahr« gesehen haben, geht es am Schluss eines Entscheidungsprozesses nur noch um die Frage »Ja oder Nein?«

Die folgende Liste von Meta- oder Urthemen in Gegensatzpaaren ist so wenig abschließend wie die der Masterplots. Es steht Ihnen also wiederum frei, meine Vorschläge mit weiteren Gegensatzpaaren zu ergänzen, wenn dies der Suche nach Ihrer Kernaussage dient. Ich würde Ihnen allerdings nicht empfehlen, existenzielle Polaritäten mit solchen zu mischen, die eher esoterischen Charakter haben, den ganzen Kosmos erklären oder zu einer ganzheitlichen Lebensweise animieren sollen. Denn das würde Ihre Liste so anschwellen lassen, dass sie für die praktische Arbeit nutzlos wird.

Mit der Aufzählung in alphabetischer Reihenfolge möchte ich einer unbewussten Gewichtung der Gegensatzpaare entgegenwirken und gleichzeitig signalisieren, dass Sie diese Begriffe durch passende Synonyme ersetzen können.

Ankunft - Abschied	Liebe - Hass
Belohnung - Strafe	Mut - Angst
Festhalten - Loslassen	Opfer - Täter
Freiheit - Gefangenschaft	Schönheit - Hässlichkeit
Freund - Feind	Stärke - Schwäche
Geborgenheit - Einsamkeit	Suchen - Finden

Gewinner – Verlierer	Treue – Betrug
Gut – Böse	Vergangenheit – Zukunft
Hoffnung – Verzweiflung	Wahrheit – Lüge
Leben – Tod	Weisheit – Dummheit

Übungen

- Kramen Sie in Ihrem Erinnerungsschatz je eine Geschichte hervor, die zu den Gegensatzpaaren »Suchen/Finden«, »Gefangenschaft/Freiheit« und »Festhalten/Loslassen« passen.
- Welche Polaritäten könnten zu den Kernaussagen folgender Geschichten passen?
  - D-Day, Landung der Alliierten in der Normandie
  - der erste Schultag
  - Dschungel-Camp
- Korrigieren oder ergänzen Sie Klappentexte Ihrer Lieblingsbücher, indem Sie den Plot erwähnen.
  Natürlich steht es Ihnen frei, beliebig viele Geschichten aus den Medien und Ihrer eigenen Biografie einmal so zu betrachten. Zumal ja Üben eine der wichtigsten Etappen auf dem Weg zum Meister ist.

3.1.3 Mit Masterplots arbeiten

Sich intensiv mit dem übergeordneten Thema Ihrer Geschichte zu beschäftigen, gehört zu den Pflichtaufgaben eines Storytellers, egal in welcher Funktion. Ob Kommunikationsverantwortlicher, Journalist, Autor, Drehbuchschreiber, Marketer, Werber, Wissenschaftler oder Verkäufer. Nur wer den thematischen Komplex einer Geschichte herausarbeitet, kann die zentrale Idee seinem Publikum vermitteln. Denn ohne einen unsichtbaren Wegweiser ist es verunsichert und wird sich überlegen, ob es Ihnen seine Aufmerksamkeit weiterhin schenken soll.

Wie die vielen Workshops und Seminare zeigen, gibt es bei der Suche nach geeigneten Masterplots keinen Königsweg, den Sie unbedingt gehen müssen. Betrachten Sie deshalb die folgende Vorgehensweise einfach als eine von zahlreichen Möglichkeiten, das beste Urthema für Ihre Geschichte zu finden. Und falls Sie davon überzeugt sind, den Kern Ihrer Geschichte, das übergeordnete Thema bereits gefunden zu haben, können Sie sich die Lektüre des Suchprozesses in Etappen auch ersparen.

What's the story? Wie Sie den Kern Ihrer Geschichte in Teamarbeit finden können

- Machen Sie alle, die an dem Prozess der Entwicklung einer Geschichte beteiligt sind, auf den Unterschied zwischen einem Plot im Sinne des Story-Checks und Begriffen wie Idee, Diskussionspunkt, Problem, Episode, Handlung oder ganz allgemein Thema aufmerksam.
- Wenn Sie die Verantwortung für eine Geschichte tragen, schreiben Sie Ihre persönlichen Plot-Favoriten auf, bevor Sie diese zur Diskussion stellen.
- Beurteilen Sie die eingebrachten Vorschläge in der ersten Phase des Sammelns noch nicht nach ihrer Eignung für einen Masterplot.
- Beschränken Sie sich auf maximal fünf Plot-Favoriten.
- Falls jemand der Ansicht ist, der Kern einer Geschichte sei Umweltschutz, Spielsucht oder Verkehrsstau, dann werden diese Begriffe ebenfalls notiert.
- Limitieren Sie die Zeit für die erste Phase auf maximal 15 Minuten, da vor allem intuitiv geäußerte Vorschläge interessieren.
- Sammeln Sie die verschiedenen Vorschläge und machen Sie diese für alle Beteiligten sichtbar.
- Erinnern Sie alle Mitbestimmenden daran, dass ein Masterplot nicht der Titel Ihrer Geschichte ist, dem Publikum nicht mitgeteilt werden muss, sondern die Story so trägt, dass das Urthema immer wieder durchschimmert.
- Beginnen Sie unmittelbar anschließend mit der Bewertung, ohne die Vorschläge schon zu diskutieren.
- Sie können so viele Vorschläge bewerten, wie Sie wollen, aber nur nach dem Kriterium Ja oder Nein. Zum Beispiel mit grünen oder roten Punkten.
- Diskutieren Sie, ob die Spitzenreiter einen übergeordneten, existenziellen Charakter haben und sich deshalb als Urthema oder Masterplot eignen.
- Ordnen Sie fünf Vorschlägen maximal drei der 22 Masterplots und/oder 20 Polaritäten zu.
- Der Vorschlag mit den meisten Ja-Stimmen ist fürs Erste der Hauptplot.
- Die Vorschläge mit den zweit- und drittmeisten Stimmen sind mögliche Nebenplots.
- Bevor Sie mit der Diskussion beginnen, suchen Sie nach bekannten Geschichten, in denen der vorgeschlagene Hauptplot ebenfalls im Zentrum steht. Filmbeispiele eignen sich besonders gut.
- Falls Sie nach der Diskussion zur Ansicht gelangen, einer der Nebenplots sei für die Favoritenrolle besser geeignet, kommt dieser aufs Podest.

- Sagt Ihnen Ihr Bauchgefühl, die beste Lösung sei noch nicht gefunden worden, brechen Sie die Übung ab, schlafen eine Nacht darüber und wiederholen den Suchprozess am nächsten Tag.
- Sie können aber auch getrost mit der zweitbesten Lösung beginnen, die folgenden Elemente des Story-Checks abarbeiten und auf diese Weise zum Urthema Ihrer Geschichte stoßen – zumal sich die Masterplots und Polaritäten nicht messerscharf voneinander abgrenzen lassen.

	**Übungen** **Problem:** Angeschlagenes Image der EU **Aufgabe:** Den Plot für eine Geschichte finden, die bei der Bevölkerung Ihres Herkunftslandes positive Gefühl für die Europäische Gemeinschaft auslöst. Welche zwei Nebenthemen würden in Ihrer Geschichte ebenfalls eine Rolle spielen? **Problem:** Angeschlagenes Image der Volkswagen AG oder eines anderen Unternehmens in großen Schwierigkeiten **Aufgabe:** Den Plot für eine Geschichte finden, die den Mitarbeitenden des Unternehmens erzählt wird, um die Identifizierung mit ihrem Arbeitgeber zu stärken. **Problem:** Gegengewicht zur »Geiz-ist-geil-Mentalität« schaffen **Aufgabe:** Den Plot für eine Geschichte finden, die zwei Jahre lang in den verschiedensten Medien davon erzählt, was noch geiler ist als Geiz.
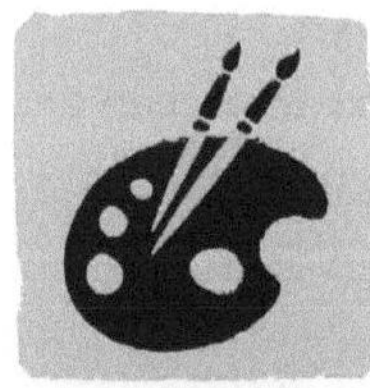	**Werkzeugkasten** • Ihre persönliche Sammlung von Ideen nach Masterplots kategorisieren.
	**Stolpersteine** • Ideen mit Masterplots verwechseln. • der Versuchung nachgeben, sich nicht auf ein Urthema zu beschränken.

3.2 Prägungsstärke – Garant für Aufmerksamkeit

Hatten Sie am ersten Schultag auch schon mit Aktien gehandelt? Wohl kaum. Aber vielleicht folgten Sie in jungen Jahren dem Lockruf der italienischen Unternehmensgruppe Panini S.p.A. und opferten Ihr Taschengeld für deren Fußballerbilder. So merkwürdig oder bedeutungslos Ihnen diese Fragen erscheinen mögen, so wichtig sind sie für erfolgreiches Storytelling. Denn je stärker Sie eine Geschichte an Ihre Kindheit erinnert, desto mehr Aufmerksamkeit erhält sie.

Urthemen oder Plots sind überzeitlich und zielgruppenübergreifend. Deswegen finden sich immer Anknüpfungspunkte an Lebensabschnitte, denen das autobiografische Gedächtnis besondere Beachtung schenkt. Im Story-Check wird diese Eigenheit unter dem Begriff »Prägungsstärke« näher betrachtet.

Das Element Prägungsstärke hat in meiner eigenen Arbeit inzwischen eine so große Bedeutung gewonnen, dass ich Aufträge ablehne, wenn sich der Kunde nicht auf die Suche nach prägenden Ereignissen machen will. Denn weil sogar ein einziges Wort oder Symbol genügen kann, um solche Erlebnisse zu finden, wird ein Storyteller immer fündig. Zumal Ersterlebnisse ebenfalls tiefe Spuren hinterlassen. Sollten Sie daran zweifeln, dass Geschichten von der Kindheit, der Pubertät und vom ersten Mal so ungemein wichtig sind, dann stehen Ihnen ein wissenschaftlicher und ein spielerischer Weg zur Überprüfung dieser Behauptung offen.

Die wissenschaftliche Beweisführung führt über die Lektüre eines Buches, in dem die Funktionsweise der menschlichen Gedächtnissysteme erklärt werden. Für diesen geistigen und zeitlichen Aufwand werden Sie mit dem Mehrwert belohnt, auch mehr über sinnvolle und weniger empfehlenswerte Lernformen zu erfahren. Zudem wird Ihnen danach einleuchten, weshalb ich das Motto »Hirn will Arbeit« von »Deutschlandradio Wissen« für ziemlich verfehlt halte. Denn das Letzte, was Ihr Gehirn will, ist Arbeit um der Arbeit willen.

Der spielerische Weg, Prägungsstärken im gesellschaftlichen Rahmen zu testen, bringt Ihnen ebenfalls einen Zusatznutzen. Erzählen Sie in einer gemütlichen Runde Geschichten nämlich von Ihrer Kindheit, Pubertät oder von Ersterlebnissen, haben Sie auch den Beweis für die Behauptung, dass Geschichten Geschichten generieren. Denn kaum sind Sie mit Ihrem Erinnerungsbericht vom ersten Urlaub oder Ihrem pubertären Liebeskummer fertig, wird bestimmt jemand in der Runde seine Version solch prägender Erlebnisse zum Besten geben wollen.

3.2.1 Geschichten der Kindheit

Vergessen zu können, ist ein Glück, obwohl Erinnerungslücken oft ärgerlich sind. Aber als gut funktionierender Überlastungsschutz sorgt unser Kurzzeitgedächtnis automatisch dafür, dass wir noch genügend Kapazitäten für all die Informationen haben, die das Fortpflanzen, Anpassen und Überleben erleichtern. Und dazu gehört die Telefonnummer eines Versicherungsvertreters oder der Preis einer neuen Unterhose höchst selten. Wesentlich wichtiger sind Informationen, die emotional berühren, weil sie auch Einfluss auf unsere Verhaltensweisen haben. Deshalb werden viele dieser Mitteilungen im episodischen oder autobiografischen Gedächtnis abgespeichert. Und wenn wir bedenken, was wir in den ersten Lebensjahren alles lernen müssen, ist es nur logisch, dass sich in unseren Köpfen unzählige Erinnerungsfetzen dieser Zeit finden. Doch weil es »Fetzen« und keine »Bücher« sind, vergessen wir Einzelheiten, müssen Zusammenhängendes rekonstruieren, Verlorenes durch Erfundenes ersetzen.

Ohne an dieser Stelle auf die verschiedenen Gedächtnissysteme und deren faszinierenden Funktionsweise einzugehen, sollten Storyteller einige Erkenntnisse über diese Netzwerkspeicher mitnehmen und in ihre Arbeit einfließen lassen.

- Die Fähigkeit, zwischen Vergangenheit, Gegenwart und Zukunft zu unterscheiden, wird relativ spät erworben. Daher müssen wir uns bei der Suche nach Kindheitsgeschichten auch nicht intensiv darum kümmern, in welchem Lebensjahr sie spielen könnten. Ich persönlich halte mich an die Faustregel: Alle Geschichten der ersten sieben Lebensjahre gehören zur Kindheit.
- Im Gehirn gibt es keine Bibliothek, in der ganze Geschichten aufbewahrt werden, sondern nur Scripts, aus denen bei Bedarf eine stimmige Geschichte rekonstruiert wird. Daher müssen wir uns keine Gedanken darüber machen, ob unser Publikum die von uns erzählte Kindheitsgeschichte ebenfalls erlebte. Es genügt, wenn wir mit Worten, Bildern, Objekten, Tönen oder Düften Assoziationsketten in Gang setzen, die Emotionen und Erinnerungen aus der Kindheit aufrufen.
- Obwohl es bestimmte Gedächtnissysteme gibt, die sich schon vorgeburtlich entwickeln und Informationen außerhalb des Mutterleibes wahrnehmen, sind diese für unsere Arbeit vernachlässigbar. Daher können wir auf Kindheitsgeschichten verzichten, die allzu esoterischen Charakter haben.
- Das menschliche Gehirn entwickelt sich in konkreten Austauschprozessen zwischen Menschen und im Zusammensein mit anderen. Daher sollten Sie bei Kind-

heitserlebnissen auch an Beziehungsgeschichten und nicht nur an Legospiele oder Süßigkeiten denken.

- Das Geruchszentrum befindet sich in unmittelbarer Nähe wichtiger Gedächtniszentren. Daher können wir in Kindheitsgeschichten auch von Gerüchen und Düften sprechen, die für diese Lebensphase von Bedeutung sind.

Übungen

- Suchen Sie zu drei Masterplots Ihrer Wahl mindestens drei Geschichten Ihrer eigenen Kindheit.
- Ordnen Sie dem Tag Ihrer Einschulung ein Urthema zu.
- Wenn Sie Ihre Kindheit unter dem Urthema »Ankunft und Abschied« erzählen müssten, mit welchem Ereignis würden Sie Ihre Geschichte beenden?
- Erzählen Sie jemandem von Ihrem Lieblingsgericht als Kind und warten Sie ab, ob Ihnen Ihr Gegenüber ebenfalls seine Leibspeise aus früheren Jahren erzählt.

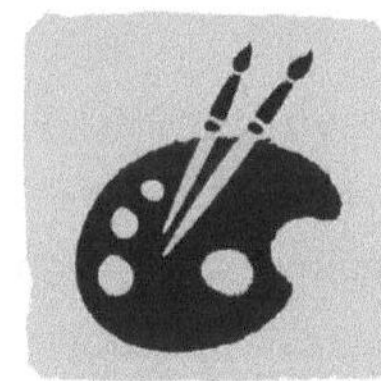

Werkzeugkasten

- Kinderbücher, speziell solche mit Wimmelbildern sind ideale Erinnerungshilfen, um Geschichten und Objekte zu finden, die unser Gehirn in den ersten Lebensjahren geprägt haben.
- Das große Sortiment an Jahrgangsbüchern.
- Berichte von Zeitzeugen, wie es sie als Hörbücher und in Printform gibt.

Stolpersteine

- Quellen nach deren Wahrheitsgehalt gewichten.
- Durch Brillengläser mit der Dioptrie »pädagogisch besonders wertvoll« blicken.

3.2.2 Geschichten der Pubertät

Für alle Leserinnen und Leser, die Kinder im pubertierenden Alter haben, gibt es eine gute und eine schlechte Nachricht. Die düstere vorweg: Sie können nichts dagegen tun. Und nun die erfreuliche: Die pubertäre Phase geht wieder vorbei. Aus neurobiologischer Sicht allerdings nicht so schlagartig, wie sie mit der hormonellen Veränderung einsetzt. Denn der Umbau der Hirnareale, die eigentlich für vernünftige Verhaltensweisen und planendes Vorausschauen sorgen sollten, kann locker über das zwanzigste Lebensjahr hinausgehen. Und das zu wissen ist für einen Geschichtenerzähler ebenfalls von Bedeutung. Denn weil das Gehirn während der Pubertät neue Mustervorlagen für die Verarbeitung wichtiger Informationen bildet, haben Geschichten aus diesen Lebensjahren mehr Gewicht als Erlebnisse nach dieser Phase. Zumal wir während dieser Zeit viele Erfahrungen zum ersten Mal machen.

Die stiefmütterliche Behandlung von Teenager-Geschichten ist doch erstaunlich, wenn wir bedenken, wie stark die unbewusst arbeitenden Hirnareale erwachsener Menschen auf solche Erzählungen reagieren. Wenn es nicht gerade um Liebesdramen wie »Romeo und Julia« ging, schenkten selbst die Größen der Weltliteratur dem Jugendalter nur wenig Beachtung. Shakespeare bezeichnete diese Lebensphase einmal salopp als die Zeit, in der man den Dirnen Kinder schafft, die Alten ärgert, stielt und balgt.

Mit all dem Wissen, das wir heute über die neuronale Verarbeitung von Informationen haben, sollten sich Geschichtenerzähler auch immer fragen, wie sich beim Publikum Erinnerungen an ihre Teenagerzeit wecken lassen. Über Risikomanagement zu sprechen und die wagemutigen Aktionen von pubertierenden Helden auszublenden, ist eine vertane Chance. Und wenn Theorien über Teambildung langweilen, liegt das vielleicht daran, dass sie keinen Bezug zu den Geschichten einer aufmüpfigen Peergroup haben.

Spätestens beim Erkunden von Geschichten prägender Zeiten werden Sie feststellen, wie wertvoll die Suche nach einem geeigneten Urthema ist. Denn der gewählte Plot und die möglichen Alternativen geben dem Denken eine Richtung, setzen Assoziationsketten in Gang und verhindern, dass Sie den Wald vor lauter Bäumen nicht sehen. Und Sie werden auch die Erfahrung machen, dass systematisches Vorgehen durchaus unterhaltsam sein kann. Wenn Eltern oder Verwandte pubertierenden Kindern danach sogar mehr Verständnis für deren Eskapaden aufbringen, ist das ein zusätzlicher Mehrwert.

Typische Erfahrungen und Herausforderungen in der Pubertät

Die Suche nach Geschichten aus der Pubertät fällt Ihnen eventuell noch leichter, wenn Sie an typische Erfahrungen während der Teenagerzeit denken. Daher zähle ich im Folgenden einige Herausforderungen auf, die Jugendliche meistern müssen:

- Die Ablösung von den Eltern oder erwachsenen Bezugspersonen.
- Aus eigener Kraft seinen Platz in der Gesellschaft finden.
- Neuen Gefahren wie Drogen oder Geschlechtskrankheiten begegnen.
- Sich soziale Anerkennung verschaffen.
- Unerwünschte körperliche Veränderungen akzeptieren.
- Seine Stärken entwickeln und diese in die Berufswelt einbringen.
- Mit der eigenen Sexualität zurechtkommen.
- Die erhöhte Risikobereitschaft in den Griff kriegen.
- Die passende Clique finden.
- Den Albtraum des Alleinseins ertragen.
- Seine Ideale durch die Gesellschaft verraten sehen.
- Widerstand gegenüber ungeliebten Autoritäten leisten.
- Von alten Vorbildern Abschied nehmen und neue suchen.
- Auf bestimmten Gebieten mehr wissen als die Eltern.
- Sich an eine andere biologische Uhr gewöhnen.

Solche Herausforderungen annehmen und bestehen zu können, bedingen Verhaltensmuster, die sich in Varianten im Erwachsenenleben ebenfalls finden. Ihr Publikum in geeigneter Form daran zu erinnern, macht Ihre Geschichten anschaulicher und authentischer.

Übungen

- Smartphone, Facebook, Instagram, TikTok, WhatsApp, Snapchat, Twitter & Co. sind die Kommunikations- und Informationskanäle der Teenager von heute. Rufen Sie sich in Erinnerung, welche Medien und Produkte diese Funktionen in Ihrer Jugendzeit übernommen haben.
- Suchen Sie nach drei Episoden aus Ihrer Pubertät, mit denen sich die Masterplots »Rivalität« und »Verwandlung« emotional veranschaulichen lassen.
- Falls Sie den Film »Twilight« oder Serien wie »Everything Sucks!« oder »Big Mouth« kennen: Schreiben Sie mindestens fünf Gründe auf, weshalb diese Geschichten bei Pubertierenden so gut ankommen. Oder machen Sie die gleiche Aufgabe für die Lieblingsgeschichte Ihrer Teenagerjahre.

Werkzeugkasten

- Von verschiedenen Verlagen gibt es Publikationen zu den Jahren, in denen Zielgruppen ihre Teenagerzeit erlebten. Diese Jahrgangsbücher sind eine gute Quelle für Geschichten und enthalten in der Regel auch Abbildungen, die für die Elemente Kulissen und Requisiten (vgl. Kapitel 3.11 und 3.12) nützlich sind.
- Bücher, die uns in die Welt der Teenager führen. Zum Beispiel »Jugendjahre« von Remo H. Largo.
- Blogs und Social-Media-Beiträge von Teenagern.

Stolpersteine

- Nicht daran denken, dass die neurologische Pubertät weitergeht, wenn wir die gesetzliche Handlungsfähigkeit erreichen.
- Nicht berücksichtigen, dass die Pubertätsentwicklung sehr unterschiedlich verläuft. Das Auftreten jedes Merkmals kann um sechs und mehr Jahre schwanken.

3.2.3 Geschichten von Ersterlebnissen

Es war weder ihr attraktives Äußeres noch ihre Marilyn-Monroe-Frisur, die der jungen Frau einen Platz in meinem autobiografischen Gedächtnis sicherte. Bleibende Erinnerungsspuren hinterließ sie mit der Frage: »Haben Sie Anspruch auf eine Eintrittskarte mit Rentnervergünstigung?« Obwohl die Aussicht auf Vergünstigung normalerweise das Belohnungszentrum aktiviert und positive Gefühle auslöst, war ich damals eher verärgert. Denn wer den sechzigsten Geburtstag noch vor sich hat, bezahlt in einer solchen Situation auch gerne den vollen Betrag. Den nahm sie danach mit einem freundlichen Lächeln entgegen, wohl ohne zu wissen, dass Ihre Fehleinschätzung für mich ein Ersterlebnis war.

Zum ersten Mal von einer attraktiven Frau in die Kategorie Rentner eingestuft zu werden, ist sicher keine weltbewegende Geschichte. Aber sie macht uns auf eine Eigenschaft des menschlichen Gehirns aufmerksam, die für das Storytelling von größter Bedeutung ist.

> Um vergleichbare Situationen nicht jedes Mal neu bewerten und einordnen zu müssen, arbeitet unser neuronales Datenverarbeitungssystem mit Mustervorlagen. Und zu denen gehören auch Ersterlebnisse. Im Werkzeugkoffer eines Geschichtenerzählers findet sich deshalb eine Liste, auf der solche Erfahrungen aufgeführt sind.

Eine Liste mit Ersterlebnissen zu erstellen, indem man in das Suchfeld von Google »Ersterlebnis« eingibt, würde ich allerdings nicht empfehlen. Denn Sie werden vor allem auf Geschichten stoßen, die vom ersten Sex erzählen. Daher nehmen Sie lieber meinen Vorschlag als Blaupause und ergänzen ihn durch eigene Erfahrungen und Ideen. Ich habe ihn absichtlich nicht chronologisch geordnet, um keine Gewichtung vorzutäuschen und Ihre eigenen Assoziationsketten zu unterbrechen.

Erste Liebe	Erster Führerscheinentzug
Erster Liebeskummer	Erster längerer Spitalaufenthalt
Erster Urlaub ohne Eltern	Erstes eigenes Auto
Erstes Petting	Erste Reise in einem Flugzeug
Erster Sex	Die erste Midlife-Crisis
Erster Vollrausch	Die erste Aufklärungsfibel
Erstes selbst verdientes Geld	Der erste Schultag
Erste Gesetzesübertretung	Erstmals in der Außenseiterrolle
Erster Umzug	Die erste Periode
Erster Beruf	Erstmals das Meer gesehen
Erstes Vorstellungsgespräch	Erstmals ohne Hilfsmittel geschwommen
Erste große Niederlage	Die erste Ekelerfahrung
Erster großer Sieg	Erster öffentlicher Auftritt
Erste Teilnahme an einer Massenveranstaltung	Erstes Verlassenwerden
Erstes Kind (oder erste Geburt)	Erstmals Zeuge einer Katastrophe
Die erste eigene Wohnung	Die erste Begegnung mit dem Tod

Erinnerungen an Ersterlebnisse wecken Emotionen

Die Wahrscheinlichkeit, dass Ihnen beim Leser dieser Liste eine persönlich erlebte Geschichte in den Sinn kommt, ist groß. Und ob sich das Geschehen damals genau so abgespielt hat, wie Sie es heute sehen, ist völlig unwichtig. Wichtig ist nur, dass solche Geschichten eine Verbindung herstellen und Emotionen wecken. Das Gedächtnis ist immer ein Zerrspiegel und nie ein getreues Abbild des Lebens. Es ist normal, dass wir Erinnerungen beschönigen, chronologisch falsch einordnen, ausschmücken und nachträglich emotional aufladen. Und daran wird sich auch im Zeitalter der sozialen Medien nichts ändern. Auch wenn digitalisierte Erinnerungen ihre eigenen Gesetze haben. Denn wie Untersuchungen nachweisen konnten, verstärken Fotografien zwar die Erinnerungen an Momente, schwächen jedoch gleichzeitig die Erinnerungen an die Augenblicke davor und danach ab. Gut möglich, dass kommenden Generationen diese Lücken noch mehr mit Geschichten füllen, die andere erzählen.

	**Übungen** • Halten Sie zu mindestens fünf der vorgeschlagenen Ersterlebnisse Ihre persönliche Version in Stichworten fest. • Sprechen Sie bei der nächsten Einladung mit Ihren Gästen nicht über das Weltgeschehen und Zeitungsnachrichten, sondern über Ersterlebnisse. • Suchen Sie nach einem Ersterlebnis, das Sie mit Ihrem Partner oder Ihrer Partnerin gemeinsam erlebt haben, und wundern Sie sich über die verschiedenen Darstellungen, Lücken und Hinzufügungen.
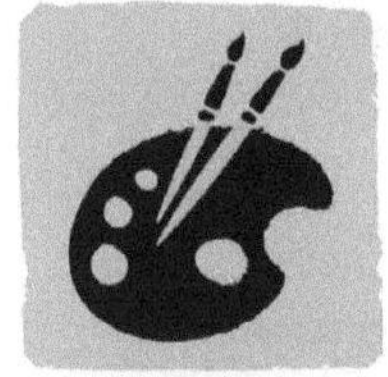	**Werkzeugkasten** • Familienalben, Facebook-Chronologien, Biografien und andere Sammlungen prägender Mustervorlagen fürs Leben. • Die mit eigenen Beispielen angereicherte Liste von Ersterlebnissen.
	**Stolpersteine** • Die kleinen Ihrer Ansicht nach unbedeutenden Ersterlebnisse im Erwachsenenalter nicht berücksichtigen. • Nur im eigenen Erinnerungsschatz suchen.

3.3 Andockstellen für das Publikum

Worüber Sie beim ersten Date mit Ihrem Gegenüber gesprochen haben, entzieht sich natürlich meiner Kenntnis. Aber falls es nicht zum Fiasko kam, waren es wohl keine Geschichten über die chemische Zusammensetzung Ihres Lieblingsgetränks oder vom Straßennetz im alten Rom. Wollen Sie Ihr Publikum nicht gleich vor den Kopf stoßen, müssen in Ihren Geschichten Szenen, Erlebnisse oder Objekte vorkommen, an die es seine eigenen Geschichten andocken kann.

Weil das die Betreiber von Internetplattformen für Partnersuche ebenfalls wissen, finden wir dort Tipps für empfehlenswerte Gesprächsthemen. Ein Anbieter liefert die 386 besten sogar direkt aufs Handy, wenn man sich anmeldet und die Mitmachgebühr bezahlt. Doch weil dieser Crashkurs für Storytelling nicht primär die Zielgruppe »Singles auf Partnersuche« anpeilt, fasse ich »Andockstelle« etwas weiter.

Was Andockstellen leisten

Als Andockstelle bezeichne ich Elemente einer Geschichte, die dem Publikum bereits in irgendeiner Weise bekannt sind, sei es bewusst oder unbewusst. Und solche Berührungspunkte in Ihre Geschichte einzubinden, ist deshalb wichtig, weil sie folgende Funktionen übernehmen können:

- Sicherheitsgefühl erhöhen
- Orientierung erleichtern
- Gegenwart schaffen
- Zielgruppen differenzierter ansprechen
- Deutungen vorwegnehmen
- Vermutungen wecken
- Gehirn entlasten
- Akzeptanz des Fremden erhöhen
- Visionäres erden
- Entdeckerfreuen ermöglichen

All diesen Funktionen sind Sie schon begegnet, falls Sie den Film »2001: Odyssee im Weltraum« von Stanley Kubrick gesehen haben. Sollte dem nicht so sein, empfehle ich Ihnen, dies bei Gelegenheit nachzuholen. Sie werden die folgenden Ausführungen dann noch besser verstehen.

Die Geschichte des griechischen Helden Odysseus mag zwar vielen im Detail nicht mehr bekannt sein. Aber im kulturellen Gedächtnis der Menschheit ist sie so stark verankert, dass selbst Kulturbanausen wissen, dass ein Kriegsheld nach geschlagener Schlacht zehn Jahre umherirren musste, bevor er wieder zuhause ankam. Es machte also Sinn, den Titel der Kurzgeschichte, auf der das Drehbuch beruht, nicht zu übernehmen. Denn »The Sentinel«, also der Wächter, ist eine weitaus schwächere Andockstelle als »2001: A Space Odyssey«.

Wir würden uns im Weltraum und einer fernen Zeit kaum wohlfühlen, wenn im Film keine Objekte aus unserer Gegenwart vorkämen. Jede Science-Fiction-Geschichte muss mit Andockstellen einen Bezug zu unserem jetzigen Leben schaffen. Die kreisenden Satelliten mit Nationalflaggen zu versehen, ist für das Verständnis der Geschichte nicht notwendig. Aber es erleichtert verschiedenen Zielgruppen die Identifizierung mit dem Geschehen. Das Gleiche gilt für die verwendeten Zitate, die lediglich weitere Andockstellen sind. Und wer selber darauf kam, dass HAL zu IBM wird, wenn man im Alphabet jeweils einen Buchstaben weiter denkt, hatte Freude. Die POP-Generation der 1968er-Jahre verzieh Kubrick nicht nur die Verwendung klassischer Musik für ein klassisches Drama, sondern ließ sich sogar für eine Komposition von Richard Strauss begeistern. Die Entdeckung weiterer Andockstellen in dieser guten Geschichte vom Aufbruch der Menschheit und ihren Irrfahrten überlasse ich Ihnen beim Wiedersehen von »2001: Odyssee im Weltraum«. Gelegentlich gute Filme mit dem Story-Check zu analysieren, halte ich für unabdingbar, wenn man den Weg zum Meister im Storytelling gehen will. Dagegen spricht auch nicht, dass der Film ein anderes Medium als ein Text ist und gewisse Sinneskanäle einfacher bedienen kann. Denn auch mit Worten lassen sich musikalische Andockstellen erschaffen oder Bilder zeichnen. Und wie Düfte aus einer Geschichte geradezu herausströmen können, zeigte uns Marcel Proust in seinem Opus »Auf der Suche nach der verlorenen Zeit«.

Als Andockstellen können Sie aber auch Informationspakete nutzen, die zu den Tagesaktualitäten gehören, sofern Sie Ihre Geschichte kurz danach erzählen. So bewarb ein Autohersteller seine Lieferwagen nach dem spektakulärsten Raubüberfall der Schweizer Kriminalgeschichte mit der Kurzgeschichte: »Unsere Autos sind groß genug – auch für den Fraumünster-Postraub.« Denn im Fiat Fiorino, den die Räuber laut Medienberichten nutzten, fanden 17 Millionen leider keinen Platz. Also mussten sie sich schweren Herzens mit 53 Millionen Schweizer Franken begnügen. Die Hälfte ihrer Beute ist übrigens bis heute unauffindbar.

Übungen

- Durchforsten Sie Ihren Lieblingsfilm – allein oder mit anderen Beobachtern zusammen – nach Andockstellen.
- Suchen Sie nach drei Geschichten aus der heutigen Zeit, die an Motive aus Grimms Märchen anknüpfen.
- Überlegen Sie sich beim nächsten großen Sportereignis, an welche Episoden Sie Ihre Geschichte andocken könnten.

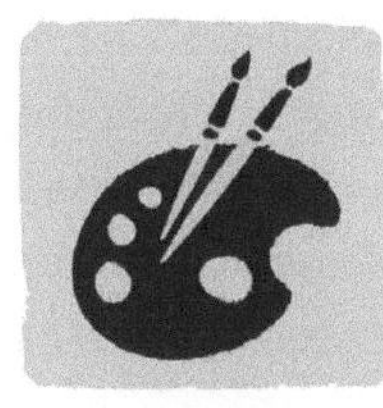	**Werkzeugkasten** • Bibel: Altes und Neues Testament • Griechischen Sagen des Altertums • Odyssee und Ilias von Homer • Kinder- und Hausmärchen der Gebrüder Grimm • Tausendundeine Nacht • Tagespresse
	**Stolpersteine** • An Geschichten andocken, die Sie emotional bewegt haben, außer Ihnen aber niemand kennt. • Das Erinnerungsvermögen der Menschen überschätzen.

3.4 Titel

»Wir sind Papst!« Diese legendäre Schlagzeile der deutschen Boulevard Zeitung »Bild« zur Beförderung von Kardinal Ratzinger konterte die linke »taz« nicht weniger genial mit »Oh, mein Gott!«, wobei dieser Schreckensruf in weißer Schrift auf ein schwarz eingefärbtes Titelblatt gesetzt wurde.

Die Springer'sche Kurzzusammenfassung von Kardinal Ratzingers Sieg zeigt übrigens auch, dass der Titel einer Geschichte keine Wahrheit verkünden muss. Denn zum Papst wurden bekanntlich nicht Deutschlands Einwohner gewählt. Und schon gar nicht die 70 Prozent »Ungläubigen«. Aber unsere Erfahrung, sich mit Siegern zu verbünden, speichern wir trotzdem als Wahrheit ab.

Der Papst-Titel der »taz« ist zudem ein schönes Beispiel für das Element Andockstelle, da »Oh, mein Gott!« viele Leser während der prägungsstarken Jahre schon häufig gehört haben. Oft im Zusammenhang mit einem Hilfeaufruf, was wiederum Fragen auslöst wie: Kann ich den Seufzenden wieder beruhigen? Was hat der irdische Stellvertreter Jesus angetan, dass dessen Vater herbeigerufen wird? Egal, welche Frage sich der Leser tatsächlich stellt, die Antwort lässt eine Geschichte erwarten.

Zehn Wegweiser, die zu einer guten Headline führen

Sich intensiv mit dem Titel einer Geschichte zu beschäftigen, lohnt sich auf jeden Fall. Denn wie die Werbeforschung längst bewiesen hat, sorgt eine gute Headline für mehr Aufmerksamkeit. Noch interessanter als diese Selbstverständlichkeit ist die Erfahrung, dass die Suche nach einer passenden Überschrift bei der Einschätzung hilft, ob die Reduzierung auf eine Kernaussage gelungen ist. Denn wird man nach zwei DIN-A4-Seiten voller Titelvorschläge nicht fündig, ist an der Geschichte offenbar etwas faul. Bei zu vielen Nebenschauplätzen sind gute Titel eher Zufallsprodukte oder allzu sehr auf Effekthascherei ausgerichtet.

Einen Königsweg, um zu einem Fünfsterne-Titel zu gelangen, gibt es nicht. Aber wenn wir Werbetextern, Journalisten und Bloggern über die Schultern schauen, erhalten wir immerhin Hinweise auf schlechtere und bessere Strategien. Zudem finden Sie im Gegensatz zu anderen Elementen des Story-Checks im Internet unzählige Tipps für gute Headlines, sinnvolle, banale und auch kontraproduktive. Um mein Ziel nicht aus den Augen zu verlieren, habe ich mir im Lauf der Jahre ein Set von zehn Wegweisern zusammengestellt. Auf ihnen steht:

1. Neugier wecken
»Sansibar oder der letzte Grund«. Als dieser Roman von Alfred Andersch 1957 erschien, war die Insel im indischen Ozean noch kein Touristenparadies, sondern stand für das Geheimnisvolle einer fremden Welt. Und wenn der letzte Grund so prominent erwähnt wird, möchte ich ihn kennen und wissen, wofür er steht.

2. Zusammenfassung liefern
»Der Hundertjährige, der aus dem Fenster stieg und verschwand« – Der Titel dieser Geschichte von Jonas Jonasson beweist, dass auch längere Überschriften beim Publikum ankommen. Aber die Verletzung der Regel, sich auf fünf Worte zu beschränken, muss wie in diesem Falle eine Funktion haben.

3. Ängste ansprechen
»Die Angst des Tormanns beim Elfmeter« – In seiner Erzählung erwähnt Peter Handke nur beiläufig, dass der Monteur Josef Bloch in früheren Jahren Tormann war. Aber für das Fazit, das Bloch von seinem Leben trifft, ist der Titel zentral. »Nur dem Tormann, der sich völlig ruhig verhält, schießt der Schütze den Ball in die Hände.«

4. Lebenshilfen versprechen
»Leben und Taten des scharfsinnigen Edlen Don Quixote von la Mancha« wäre ohne das Adjektiv »scharfsinnig« ein durchschnittlicher Titel. Aber indem Miguel de Cer-

vantes Saavedra seinen Helden so charakterisiert, haben wir das Gefühl, er könne uns etwas beibringen.

5. Große Namen ins Spiel bringen
»Doktor Faustus. Das Leben des deutschen Tonsetzers Adrian Leverkühn erzählt von einem Freunde« – Hand aufs Herz, wen interessiert die Biografie eines Herrn Leverkühn. Aber indem Thomas Mann dessen Geschichte mit der von Faust verbindet, weckt sie unser Interesse.

6. Fehlerquellen aufdecken
»Der Mann ohne Eigenschaften« – Dieses über 2.000 Seiten umfassende Jahrhundertwerk von Robert Musil macht in satirischer Überzeichnung auf die Schwächen einer Moderne aufmerksam, die einem kalten Funktionalismus huldigt. Aber der offene Titel lässt viele Deutungen zu.

7. Signalwörter untermischen
»Die Leiden des jungen Werther« – Hätte Johann Wolfgang von Goethe das Leiden im Titel seines ersten Bestsellers weggelassen, wären die Leser weniger schnell auf die Idee gekommen, die Geschichte habe etwas mit ihren eigenen Biografien zu tun. Und dass Satzzeichen ebenfalls Signalwirkung haben, zeigt Hans Falladas Roman »Kleiner Mann – was nun?«

8. Magische Zahlen hinzufügen
»Hundert Jahre Einsamkeit« – Indem Gabriel García Márquez die kaum überschaubare Chronik der Familie Buendía mit einer symbolischen Zahl und einem existenziellen Gefühl verbindet, baut er bereits im Titel einen Spannungsbogen auf. Und wie wenig angegebene Zahlen mit der Wirklichkeit zu tun haben müssen, zeigt Jules Vernes Geschichte »20.000 Meilen unter dem Meer«.

9. Emotionen einfließen lassen
»Vernunft und Gefühl« – Für den Titel »Sense and Sensibility« entschied sich die Geschichtenerzählerin Jane Austin erst, als sie ihr Manuskript »Elinor and Marianne« ein paar Jahre später überarbeitete. Die neue Überschrift signalisiert nun ein Urthema, ist ungleich emotionaler und verwendet wie bei »Pride and Prejudice« das Stilmittel der Alliteration.

10. Wortspiele kreieren

»Tausendundeine Macht« – Die laue Begeisterung des Verlegers für den Titelvorschlag meines ersten Buches, spornte mich an, etwas Besseres als »Marketing für Halbzombies« zu suchen. Und weil es im Neuromarketing ja auch darum geht, wie Geschichten das Unbewusste beeinflussen können, ist das Wortspiel mit »Tausend und eine Nacht« sicher besser.

Das Publikum kurz über den Inhalt einer Geschichte zu informieren und dessen Interesse zu wecken, sind die beiden wichtigsten Funktionen eines Titels. Welcher Sie mehr Gewicht beimessen wollen, hängt auch von der Textsorte und vom Medienkanal ab. Blogger und Suchmaschinenoptimierer beharren inzwischen darauf, so genannte Keywords in den Titel einzuflechten.

Titel helfen sowohl beim Analysieren einer Geschichte als auch beim Schreiben. Sie geben eine Richtung vor, weisen auf Wesentliches hin und können als Hinweis dienen, ob der Plot stimmig ist. Die Suche nach einem geeigneten Titel, bevor Sie mit dem Schreiben einer Geschichte beginnen, lohnt sich auf jeden Fall. Denn Ihr Gehirn blendet störende Nebenschauplätze eher aus, wenn diese nicht zum provisorisch gesetzten Wegweiser passen. Und wenn Sie am Ende der Geschichte angekommen sind, spricht ja nichts dagegen, den Titel wieder zu ändern.

Übungen

- Werfen Sie bei Geschichten, die ins Deutsche übersetzt wurden, einen Blick auf den Originaltitel und entscheiden Sie, welche Version die bessere ist.
- Stöbern Sie wieder einmal in einer großen Buchhandlung und lesen Sie die Klappentexte von zehn Romanen, deren Titel Ihr Interesse wecken.
- Verbessern Sie Überschriften von Zeitungsartikeln. Wochenzeitungen eignen sich dazu besonders, da Redakteure mehr Zeit haben und deshalb anspruchsvollere Vorgaben liefern.
- Schreiben Sie eine mögliche Inhaltsangabe in maximal fünf Sätzen zu folgenden Schlagzeilen:
  - Ein Mietshaus, acht Parteien und sehr dünne Wände
  - Ohne Schein kein Sein
  - Zum Flüstern schön
  - Die Karre für Kerle

	**Werkzeugkasten** • Internetseiten für Werbeslogans. Die Seite www.slogans.de ist allerdings kostenpflichtig. • Suchmaschinen großer Internethändler für Bücher und Filme • Reim-Lexika • Zitate-Sammlungen
	**Stolpersteine** • Von der eigenen Idee so begeistert sein, dass Sie den Kampf um das richtige Wort, die beste Reihenfolge oder das passende Satzzeichen frühzeitig aufgeben. • Einen originellen Titel dem vermeintlich langweiligen, aber besseren vorziehen.

3.5 Konfliktpotenzial

Falls Sie im Deutschunterricht Bildbeschreibungen gehasst haben, mag das auch daran gelegen haben, dass diese Textform meist langweilige Geschichten generiert. Robert McKee, der Autor von »Story. Die Prinzipien des Drehbuchschreibens«, formulierte das Gesetz des Konflikts folgendermaßen: »Nichts bewegt sich in einer Story voran außer durch Konflikt.« Und ohne die neurologischen Hintergründe gekannt zu haben, kam McKee zur Überzeugung, dass unser Gehirn Konflikte braucht, um in die Gänge zu kommen und einer Geschichte die notwendige Aufmerksamkeit zu deren Verarbeitung zu schenken.

Was der Klang für die Musik ist, ist der Konflikt für die Story. Er appelliert an unsere Sinne, bringt uns zum Denken, füllt Leerstellen aus und spielt mit unseren Gefühlen. Konflikte sind es auch, die uns die Beantwortung der drei großen Fragen »Wer bin ich?« »Wer ist der andere?« und »Wo ist mein Platz in dieser Welt?« erleichtern. Wenn Geschichten ihre Funktion als Metaphern für das Leben erfüllen sollen, müssen sie auch von Konflikten handeln. Denn lebendig zu sein heißt nicht zuletzt, sich mit der Realität auseinanderzusetzen. Und zu der gehört auch der ewige Mangel. Oder wie Jean-Paul Sartre sagte: »Es gibt von allem nicht genug auf dieser Welt. Nicht genug Nahrung, nicht genug Liebe, nicht genug Gerechtigkeit und niemals genug Zeit.«

Das menschliche Unbewusste sucht immer zuerst nach der Konfliktebene. Denn das verlangt sein Prinzip »Arbeiten nur wenn nötig«. Sich ohne Zwang mit der Geschichte

»Fahrlehrer parkt Auto in eine riesige Parklücke« auseinanderzusetzen, macht nur Sinn, wenn der Erreichung dieses Ziels etwas Außergewöhnliches im Wege steht.

Konflikte und ihre möglichen Ursachen

Die Konfliktebene gewinnt an Konturen, wenn wir Mängel, die sich unseren Wünschen in den Weg stellen, in verschiedene Arten einteilen. Zudem hilft uns eine solche Auflistung auch bei der Suche nach einem passenden Konflikt. Dabei lasse ich die übliche Trennung zwischen inneren und äußeren Konflikten außer Acht, da sich alle Probleme mit der Außenwelt auch in der Seelenlandschaft einer betroffenen Person abbilden lassen.

Konfliktart	Mögliche Ursachen
Zielkonflikte	• zwei oder mehrere Personen verfolgen gegensätzliche Absichten • mangelnde Absprachen • schlechte Koordination • Zeitgleichheit unterschiedlicher Ziele
Verteilungskonflikte	• ungerecht empfundene Zuteilung von Ressourcen • Interesse an einer Sache, die nur für eine Person erreichbar ist • stellvertretende Reaktion auf mangelnde Zuwendung
Wahrnehmungskonflikte	• mangelndes Einfühlungsvermögen in die Sichtweisen anderen • Festhalten an subjektiven Beurteilungen • verschiedene Informationsquellen • kulturelle Unterschiede • unterschiedliche Bewertung des Streitgegenstands
Rollenkonflikte	• Aufgaben, Zuständigkeiten, Rechte und Pflichten einer Gruppenzugehörigkeit widersprechen den Erwartungen anderer und werden als unumstößlich angesehen • fehlendes Bewusstsein, dass jeder Mensch verschiedene Rollen hat • Verpassen des richtigen Zeitpunkts, die eigene Rolle zu wechseln
Beziehungskonflikte	• unterschiedliche Gefühle zwischen Menschen • Missverständnisse in der zwischenmenschlichen Kommunikation • mangelnde Bereitschaft, Vorurteile infragezustellen • Verhaltensmuster, die nicht zur Situation passen • verschiedene Persönlichkeitsstrukturen • Festhalten an wenig erfolgreichen Konfliktlösungsstrategien • Aufbrechen eines ungelösten Konflikts aus der Vergangenheit

Konfliktart	Mögliche Ursachen
Wertekonflikte	• verschiedene Religionen, Ideologien, Weltbilder und Vorstellungen von Gerechtigkeit • Beharren auf Prinzipien • unterschiedliche Gewichtung gemeinsamer Werte
Defizitkonflikte	• Über- oder Fehleinschätzung der eigenen Fertigkeiten, Kenntnisse, der gesellschaftlichen Stellung oder körperlicher Stärken • Festhalten am Glauben, dass alles planbar ist und der Zufall nur eine vernachlässigbare Rolle spielt

Defizitkonflikte

Die Kategorie »Defizitkonflikt« ist kein Begriff aus der Forschung und findet sich auch nicht auf Wikipedia. Ich bezeichne damit Konflikte, die sich nicht zwischen Mensch und Mensch abspielen, sondern problematische Situationen, die sich durch eine Fehleinschätzung ergeben.

In vielen Geschichten des französischen Drehbuchautors Jacques Tati kommt es zu Konflikten, weil der Mensch gegen die Technik kämpft und mit dem Eigenleben von Objekten oder seltsamen Spielregeln zurechtkommen muss. Wer unter dem Defizit leidet, das Sichtbare immer für das Eigentliche zu halten, gerät leicht in einen Konflikt, wenn dem nicht so ist. Und das Gleiche gilt für den Glauben, die Welt sei berechenbar und funktioniere wie ein Uhrwerk.

»Leben ist Konflikt. Das ist seine Natur. Der Autor muss entscheiden, wo und wie er diesen Kampf orchestriert.« Was Robert McKee professionellen Drehbuchschreibern ins Pflichtenheft schreibt, gilt letztlich für alle Geschichtenerzähler. Und wir sollten auch seinen Tipp befolgen, uns nicht nur auf die inneren Konflikte eines Menschen zu beschränken. Denn obwohl das psychologisch interessant sein mag, verlieren solche Geschichten oft die Leichtigkeit oder wecken beim Publikum den Wunsch, sich vom Geschehen zu distanzieren.

Die positive Kehrseite des Konflikts

Die positiven Aspekte eines Konflikts zu sehen, fällt südländischen Geschichtenerzählern tendenziell leichter als solchen im deutschsprachigen Raum. Aber da solche Kenntnisse auch für die Charakterisierung von Personen und bei der Suche nach einem Happy End nützlich sind, werfe ich einen Blick auf die golden funkelnde Kehrseite der Medaille.

Konflikte …

- machen Unsichtbares sichtbar.
- tragen zum Problembewusstsein bei.
- stärken den Veränderungswillen.
- stoßen zur Vertiefung von Kenntnissen an.
- fördern die Persönlichkeitsentwicklung.
- erzeugen Handlungsdruck.
- vertiefen zwischenmenschliche Beziehungen.
- machen ein Leben interessanter.
- fördern die Kreativität.
- dienen zur Selbstfindung.
- spiegeln Identitäten.
- verbessern Entscheidungsstrategien.
- geben Absurditäten eine Bühne.
- können auch richtig Spaß machen.

Übungen

- Überlegen Sie, welche Konflikte in Ihrem privaten und beruflichen Umfeld allgemein menschlichen Charakter haben und deshalb als Mustervorlage für eine überzeitliche Geschichte dienen können.
- Rufen Sie sich drei Familienausflüge in Erinnerung, die erst durch einen Konflikt erzählenswert wurden.
- Suchen Sie nach einer persönlichen Geschichte, der Sie den Titel »Die Tücke des Objekts« geben könnten.

Werkzeugkasten

- Gegensatzpaare der Urthemen, um mögliche Spannungsfelder eines Konflikts abzustecken (vgl. Kapitel 3.1.2).
- Für das Finden und Darstellen innerer Konflikte: Das Buch »Psyche im Kino. Wie Filme uns helfen, psychische Störungen zu verstehen« von Danny Wedding (siehe Literaturverzeichnis).
- Beziehungsratgeber, in denen auch auf die Rolle des Unbewussten eingegangen wird.

Stolpersteine

- Konflikten den Status eines Masterplots zusprechen.
- Dem Publikum die Gründe vorenthalten, weshalb es zum Konflikt kommt.
- Falsches Verhältnis von Reibungsfläche und Größe des Konflikts.

3.6 Held

»Wir brauchen keine Helden. Wir haben ja uns!« Für diesen Schlusssatz bekam der Referent zwar keinen tosenden Applaus, aber immerhin zustimmendes Nicken. Doch selbst diese wohlwollende Geste wäre ihm versagt geblieben, wenn er zu Geschichtenerzählern statt zu Sozialhelfern gesprochen hätte. Und würde er seine Aussage im Kreise von Neurowissenschaftler wiederholen, müsste er damit rechnen, einen Vortrag über frühkindliche Bindungsmuster zu hören.

Vater anlächeln, keine Milch. Mutter anlächeln, Milch. Und sobald ein Baby diese Erfahrung mehrmals macht, kommt sein Unbewusstes zum Schluss, dass es sich lohnt, gewissen Personen mehr Aufmerksamkeit zu schenken als anderen. Das ist alles sehr salopp formuliert, fasst jedoch das Wesentliche des Story-Check-Elements »Held« zusammen: Helden helfen uns beim Überleben.

Ohne Heldenfigur keine gute Geschichte

Auch wenn in unserem Gehirn kein Helden-Chip zu finden ist, den wir nachweisbar aktivieren können, gibt es ohne Heldenfigur keine gute Geschichte. Aber da die Widerstände gegen dieses Element groß und die Missverständnisse vielfältig sind, werde ich nun darlegen, was Storytelling unter einem Helden versteht.

Die wichtigsten Aufgaben eines Helden

Ein Held trägt die Geschichte, treibt sie voran und führt sie zum Ende. Er ist die Hauptfigur. Doch um ein häufiges Missverständnis vorweg zu klären, halte ich gleich fest, dass der Held kein menschliches Wesen sein muss. Denn auch Tiere, Roboter, Gegenstände oder personifizierte Eigenschaften können diese zentrale Rolle einnehmen. Zudem ist ein Held nicht dasselbe wie ein Vorbild, wie wir noch sehen werden.

Die wichtigsten Funktionen eines Helden sind Folgende:

- Probleme lösen
- Ziele klären
- Hindernisse veranschaulichen
- Geschichten strukturieren
- Orientierung erleichtern
- Böses sichtbar machen
- Emotionen auslösen
- Charaktere enthüllen

- Konflikte in Gang bringen
- Identifikation stärken
- Abgrenzung ermöglichen

Meister im Storytelling kennen diese teils zwingenden, teils freiwilligen Aufgaben eines Helden. Aber Anfängern fällt ihre Umsetzung in die praktische Arbeit oft schwer. Folgende Fragen können dabei helfen:

- Welche Figuren sind Metaphern für die menschliche Natur?
- Welche Einzigartigkeit will ich hervorheben? (z. B. Verhaltensweise, Sprech- und Gestikstil, Sexualität, Alter, Intelligenz, Tätigkeit, Persönlichkeit, Einstellung, Lebensart, Lebensort, Motivation, Charakter, Erscheinung)
- Was muss mein Held können, was andere nicht können?
- Welches sind seine mächtigsten Feinde?
- Welche Voraussetzungen muss er mitbringen, um den Kampf zu gewinnen?
- Warum traut er sich die Aufgabe zu?
- Weshalb ist er ein Einzelgänger?
- Welche seiner Schwächen sind vernachlässigbar?
- Welche Botschaften soll der Held vermitteln?
- Was unterscheidet ihn von Helden, die auf der gleichen Bühne erscheinen?

Die Identität des Helden bestimmen

Die Frage, welches die Differenzierungsmerkmale von Helden sind, die auf dem gleichen Gebiet tätig sind, hat sich beim Storytelling als Corporate-Identity-Instrument als besonders wertvoll erwiesen. Und weil es letztlich bei jeder Anwendung um die Suche nach einer klaren Identität geht, liste ich im Folgenden verschiedene Tätigkeitsgebiete auf, die Sie nach passenden Helden durchforsten können. Denn ob der Held einer Geschichte eher Roger Federer oder Boris Becker gleicht, beeinflusst auch die Interpretation ihres Inhalts.

1. In welchem Gebiet ist Ihr Held tätig?

Einige Tätigkeitsgebiete oder Kategorien von Helden zur Auswahl:

Armee	Kuscheltiere	Religionsstifter
Bildung	Kunst	Regisseure
Comicfiguren	Literatur	Sport

Detektive	Malerei	Talkmaster
Erfinder	Märchen	Technik
Filmstars	Mode	Theater
Geschichte	Musik	Tiere
Heilige	Philosophie	Unternehmer
Kinderbücher	Politik	Werbefiguren
Köche	Radiosprecher	Wissenschaft

Aus der Schnittmenge der Persönlichkeitseigenschaften passender Helden und Heldinnen ergibt sich ein Bild, das der Identität des gesuchten Helden Ihrer Geschichte sehr nahekommt.

2. Welches Umfeld passt zu Ihrem Helden?
In einem weiteren Schritt können Sie sich auch mit Fragen zum passenden Umfeld beschäftigen. Denn der klapprige Peugeot 403 Cabrio von Columbo sagt sicher etwas anderes aus als der Aston Martin von James Bond.

Welches Auto fährt Ihr Held? Was ist sein Modestil? Und mit welchem Lieblingsmenü lässt er sich am liebsten überraschen? Mit stimmigen Antworten auf diese und weitere Fragen geben Sie Ihrem Helden ein klares Profil und können gleichzeitig besser auf mögliche Konfliktherde aufmerksam machen. Und wie bei allen Vorschlägen in diesem Crashkurs dürfen Sie die folgende Liste beliebig verlängern.

Auto	Jahreszeit	Schlafzimmer
Arbeitgeber	Küche	Spielzeug
Brille	Kuscheltier	Sportart
Geburtsland	Lieblingsgericht	Süßigkeit
Glücksbringer	Medium	Tageszeit
Ehrenamt	Mitbringsel	Tanz
Ferienziel	Möbel	Uhr
Fortbewegungsmittel	Modestil	Videogame

Fremdsprache	Muttersprache	Wandbild
Getränk	Nachtleben	Wochentag
Haustier	Parfüm	Wohnung
Hobby	Pflanze	Wetter

3. Weitere Fragen an Ihren Helden

Wenn Sie Botschaften, Unternehmen, Dienstleistungen oder Produkte über Geschichten und ihre Helden sinnlich fassbarer machen wollen, sind auch Antworten auf folgende Fragen interessant:

Worüber lacht er?	Wo versteckt er sich?
Was bleibt ihm für immer ein Rätsel?	Was tut er bei schlechter Laune?
Was ist sein größter Wunsch?	Was ist ihm peinlich?
Was würde er gerne an sich ändern?	Was möchte er erfinden?
Was ist in seiner oder ihrer Handtasche?	Was würde er für kein Geld der Welt tun?
Was steht zuoberst auf seiner To-do-Liste	Was hat er verlernt?
Worüber weint er heimlich?	Welche Großtat hätte er gerne begangen?
Was findet er besonders ungerecht?	Womit kann man ihn am meisten ärgern?
Welchen Preis möchte er gewinnen?	Welche Verpflichtungen sind ihm ein Gräuel?
Worauf ist er besonders stolz?	Wer ist sein ärgster Feind?

Der Held als Problemlöser

Marketingverantwortliche erinnert die Suche nach dem passenden Helden wahrscheinlich an die drei Buchstaben, mit denen in ihrer Welt ein Alleinstellungsmerkmal, also ein »USP«, gesucht wird. Doch die Unique Selling Proposition unterscheidet sich von unserem Helden. Der Held kümmert sich nicht darum, was in anderen

Geschichten passiert, sondern ist auf seine eigene Aufgabe fokussiert. Und vor allem geht er davon aus, nicht als Namensgeber für Leistungsmerkmale herhalten zu müssen. Er folgt dem Ruf nach einem Problemlöser. Für eine bessere Akzeptanz von Storytelling im Marketing ist die Andockstelle USP natürlich trotzdem nützlich.

Da diese Akzeptanz manchmal auch daran scheitert, dass Helden mit Vorbildern verwechselt werden, möchte ich kurz auf den wesentlichen Unterschied zu sprechen kommen. Helden sind alles andere als perfekt und haben oft Charaktereigenschaften, die Eltern oder Pädagogen erschaudern lassen. Um nicht in den Trojanischen Krieg ziehen zu müssen, schlüpfte Odysseus in die Rolle eines Wahnsinnigen, der sogar seinen eigenen Sohn in Gefahr brachte. Helden haben Schwächen, sind manchmal unsympathisch und eignen sich frühestens dann als Vorbild, wenn sie eine Entwicklung durchlaufen haben. Es sei denn, sie werden so holzschnittartig gezeichnet wie James Bond, was bei dieser Fortsetzungsgeschichte allerdings zum Konzept gehört. Ein Held in unserem Sinne wird nicht als Held geboren. Sein Leben beginnt sogar meist sehr unheldenhaft, weil er zögert, sich vor der Übernahme von Verantwortung drückt und das Unbekannte ebenso fürchtet wie seine späteren Bewunderer. Muss ein Problem gelöst werden, denkt er ökonomisch, klärt Zuständigkeitsbereiche ab und macht seine persönliche Kosten-Nutzen-Rechnung. Festhalten möchte ich, dass jeder und alles die Heldenrolle übernehmen kann. Zum Vorbild jedoch taugen gesellschaftliche Außenseiter und unbelebte Dinge weniger.

Wie leicht ein persönliches Bekenntnis zur Heldenbewunderung über die Lippen kommt, entscheidet nach meiner Erfahrung auch das Gewicht des Bildungsrucksacks. Je schwerer dieser ist, desto eher wird von Vorbildern gesprochen, vielleicht in der Hoffnung, die pädagogisierende Wirkung zu erhöhen. Aber solange der Held Ihrer Geschichte seinen Funktionen gerecht wird und das gestellte Problem löst, dürfen Sie ihn getrost Vorbild nennen. Und da er in den Kapiteln 3.7 und 3.8 »Helfer« und »Feind« die Bühne erneut betritt, lasse ich es mit den bisherigen Ausführungen bewenden. Vorab jedoch so viel: Helden, die es nicht zur Nummer 1 geschafft haben, sind eventuell geeignete Helfer.

	**Übungen** • Verhelfen Sie mindestens drei Helden aus Ihrer Kindheit oder Pubertät zu einem Comeback in der Gegenwart und halten Sie fest, weshalb Sie diesen Helden damals Ihr Vertrauen geschenkt haben. Es dürfen natürlich auch Figuren aus Filmen und Büchern sein. • Hängen Sie die Bilder in Ihrer persönlichen Heldengalerie um, indem Sie eine neue Kategorie »Vorbilder« schaffen. • Suchen Sie nach einer Figur, die den Eigenschaften Ihres Partners oder Ihrer Partnerin am nächsten kommt. Natürlich im vollen Bewusstsein, dass sich Einzigartigkeit jedem Vergleich widersetzt. • Schauen Sie sich einige Folgen der amerikanischen Zeichentrickserie »Die Simpsons« an und ordnen Sie Personen aus Ihrem privaten oder beruflichen Umfeld eine Figur zu.
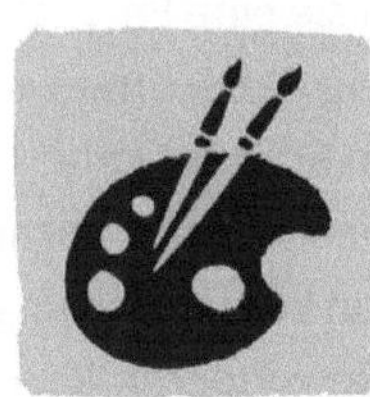	**Werkzeugkasten** • Die »Gala« oder andere Sammlungen von Heldengeschichten im Entwurfsstadium. • Biografien, die ihre Leser auch an der Entwicklung der dargestellten Personen teilhaben lassen. • Berufs- und Karriereratgeber, in denen viele Fragen und Übungen zur Entwicklung eines Persönlichkeitsprofiles zu finden sind. • Problemlösern ein Gesicht geben Versehen Sie menschliche Eigenschaften mit Anreden wie Herr, Sir, Mister, Signor, Frau, Miss, Misses, Madame oder Signorina. Diesen Effekt haben auch vorangestellte Titel wie Professor, Doktor, Studienrätin, Magister oder Geheimrat.
	**Stolpersteine** • Sich nicht auf einen einzigen Helden beschränken. • Helden mit Vorbildern gleichsetzen. • Nur an real existierende Helden denken. • Die Suche vorzeitig abbrechen. • Passende Helden wegen negativen persönlichen Erfahrungen wieder streichen.

3.7 Helfer

Was wäre Sherlock Holmes ohne Dr. Watson, Harry Potter ohne Hauselfen oder Luke Skywalker ohne R2-D2 und C-3PO? Diese Frage sollten wir uns immer stellen, wenn wir Geschichten erzählen wollen, an die unser Publikum glauben will und kann. Denn selbst der genialste oder mächtigste Held ist auf Helfer angewiesen, um sein Ziel zu erreichen. Und fehlen sie, verliert eine Geschichte an Authentizität.

In der Kategorie »Beste Nebenrolle« einen Oscar zu gewinnen, ist nicht das höchste Ziel eines Schauspielers. Obwohl Nebenrollen oft farbiger und interessanter sind. Der Dramatiker Bertolt Brecht meinte sogar: »Je besser die Qualität bei der Besetzung der Nebenrolle ist, desto besser ist die Inszenierung.« Aber da wir uns als Storyteller nicht mit den Karriereplänen von Filmschauspielern und Regisseuren beschäftige müssen, können wir uns ganz der Funktion eines Helfers widmen.

Obwohl viele Grundsätze für die Wahl des Helden auch für die seiner Nebenfiguren gelten, gibt es doch Unterschiede und andere Gewichtungen. Die amerikanische Drehbuch-Beraterin Linda Seger fordert ihre Seminarteilnehmer beim Thema Nebenrollen jeweils dazu auf, sich eine Hochzeitszeremonie vorzustellen. Obwohl die Nebenfiguren ebenso eindrucksvoll sein können wie Braut und Bräutigam, sollten sie nicht im Vordergrund stehen. Aber damit das Bild nicht langweilig wirkt, muss es unsere Blicke auch auf Figuren und Elemente lenken, die der gewünschten Botschaft mehr Gewicht verleihen, das Scheitern dieser Ehe bereits erahnen lassen oder auf mögliche Verletzungen gesellschaftlicher Konventionen hinweisen. Findet die Zeremonie im Freien statt, wird noch klarer, dass zu den Helfern auch das Wetter, Geräusche und Musik, Tages- und Jahreszeiten, Licht und Schatten gehören können.

Funktionen der Helferfiguren

Im Gegensatz zu den Helden haben deren Helfer nicht die ganze Last einer Geschichte zu tragen. Und wollen Sie das Publikum nicht unnötig verwirren, sollten Sie daran auch nichts ändern. Mögliche Funktionen der Helfer sind also folgende:

- die Entscheidung erleichtern, sich auf einen einzigen Helden zu beschränken
- die Hauptfigur beim Erreichen ihres Ziels unterstützen
- die Rolle des Helden mitdefinieren
- Helden fordern und fördern
- zum Verlassen der Komfortzone motivieren
- spezielle Kenntnisse und Lösungswege einbringen
- Schwächen des Helden abfedern
- dem Publikum weitere Identifikationsmöglichkeiten bieten
- die kommunikative Verbindung zum Publikum stärken
- andere Aspekte des Kernthemas aufzeigen
- die Rolle eines Mentors einnehmen

- als Kontrastfiguren dienen
- Emotionen verstärken
- auf mögliche Gefahren hinweisen
- das Innenleben des Helden spiegeln
- Stellvertreterfunktion übernehmen
- Sprachrohr des Übersinnlichen sein
- Farbe in die Geschichte bringen

Da Helfer eine Funktion haben und deshalb handeln müssen, unterscheiden sie sich klar von Statisten. Denn Statisten greifen nicht in das eigentliche Geschehen ein, agieren allenfalls in der Menge und sorgen für ein glaubwürdiges Hintergrundbild. Statisten gehören deshalb zum Element »Kulisse«.

Für die Umsetzung von Storytelling in die Praxis sind die Helfer ein Glücksfall. Denn ihre Existenz macht den Entscheidungsprozess für die Wahl eines einzigen Helden wesentlich einfacher. Statt ausgeschiedene Kandidaten ins Reich des Vergessens verbannen zu müssen, können wir ihnen wenigstens die Rolle eines Helfers zuschreiben. So kommen wir letztlich zu einer Liste, auf der zuoberst der Held oder in gut begründeten Ausnahmefällen ein Heldenpaar steht und darunter die Helfer. Welches Gewicht Sie den Nebenfiguren geben wollen, müssen Sie nicht zwingend zu Beginn Ihrer Arbeit festlegen. Zumal sich im Laufe der Geschichte auch Verschiebungen ergeben können.

Das Unbewusste als Held

Wenn der heutige Konsument nur bereit und fähig ist, lediglich zwei Prozent aller auf ihn einwirkenden Informationen zu verarbeiten und zu speichern, ist das für Kommunikationsverantwortliche in allen Funktionen ein Problem. Und wenn Sie erzählen wollen, wie es gelöst werden kann, könnte der Held »Das Unbewusste« lauten. Alle ausgeschiedenen Bewerber für die Hauptrolle wären dann eventuell Helfer. Also zum Beispiel: Geschichte, Wiederholung, Humor, Zielgruppenanalyse, Aktualität, Gewinnversprechen, Einfachheit, Medium oder Technik.

Wer sich einem Helden in den Weg stellt, verzichtet natürlich nicht freiwillig auf nützliche Helfer. Daher müssen wir uns bei den Feinden ebenfalls fragen, wer deren Mission unterstützt. Aber da sich an den möglichen Funktionen im Prinzip nichts ändert, ist den Unterstützern des Bösen kein eigenes Kapitel gewidmet. Um sie bei der Konzeption einer Geschichte nicht zu vergessen, sind sie jedoch in dem Story-Check aufgeführt.

Übungen

- Suchen Sie sich einen Bekannten und machen Sie eine Liste, welche Helden und Helfer seine Biografie maßgeblich beeinflussten. Diese Liste können Sie natürlich zusätzlich auch für sich selber erstellen.
- Achten Sie bei Filmen künftig darauf, welche Helfer den Helden beim Erreichen seines Ziels unterstützen, aber nicht menschlicher Natur sind.
- Schreiben Sie drei Geschichten auf, in denen Sie sich mehr mit einem Helfer als mit dem Helden identifizieren konnten.

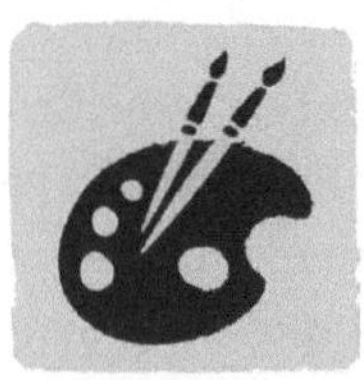

Werkzeugkasten

- »Das Bildwörterbuch« aus dem Dudenverlag, Band 3, in dem unzählige Dinge und Objekte abgebildet sind, die Helferrollen übernehmen können (siehe Literaturverzeichnis).
- »O Himmel hilf« von Thomas J. Craughwell. Schutzpatrone In dieser Sammlung finden sich 300 Heilige, die als Schutzpatrone Hilfe anbieten (siehe Literaturverzeichnis).

Stolpersteine

- Die Suche nach geeigneten Helfern auf Menschen beschränken.
- Die Frage des Geschlechts in den Vordergrund stellen.
- Helfer, die dem Helden zu ähnlich sind, nicht eliminieren.

3.8 Feind

Langeweile ist nicht das, was Menschen suchen. Schon gar nicht, wenn sie ins Theater oder Kino gehen, vor der Flimmerkiste sitzen, ein Buch oder Werbebotschaften lesen, Radiomoderatoren oder Referenten zuhören. Umso erstaunlicher ist es, wie häufig Geschichten ohne literarischen Anspruch auf die Figur des Bösewichts verzichten. Denn selbst PowerPoint-Präsentationen folgen wir lieber, wenn jemand die Absichten der Hauptfigur sabotiert. Und ich kann allen Teilnehmern dieses Crashkurses versichern, dass sich in jeder Geschichte, unabhängig von deren Botschaft, ein Feind einbauen lässt. Von dieser Behauptung ließen sich die Moderatoren eines deutschen Privatradios allerdings erst überzeugen, als wir das Hörerverhalten genau und dank Mediaanalyse für alle Skeptiker sichtbar analysierten. Bei Moderationen ohne Widersacher sprangen die Hörer schneller und häufiger ab als bei solchen, in denen irgendein Schurke den Plot vorantrieb.

Das Böse gehört zum Guten wie die Nacht zum Tag. Und keine Geschichte illustriert dies klarer als die vom hochrangigen Engel Luzifer. Obwohl sein Status als Lieblingsengel Jahwes heute umstritten ist, gehorchte dem Lichtträger einst ein Drittel der Himmelschar. Doch weil er sich mit seinem Herrn verglich, wurde er wie all die übrigen rebellischen Engel verbannt. Und so wurde Luzifer, den die frühen Christen sogar als einen Beinamen für Christus hielten, zum Teufel, zum Inbegriff des Schurken schlechthin. Das Böse ist die Kehrseite des Guten.

Die wichtigsten Funktionen des Feindes

In allen Weltreligionen spielt das Verwerfliche eine zentrale Rolle. Und als »Alter Ego« hat der mythologische Schatten auch Eingang in die Theorien der Psychologen gefunden. Doch selbst wenn Kenntnisse der menschlichen Psyche immer nützlich sind, müssen sich Storyteller nicht zwingend mit den vielen Erklärungen unserer dunklen Seiten auseinandersetzen. Vielfach genügt es schon, die Existenz eines Widersachers zu akzeptieren und dessen wichtigsten Funktionen zu kennen. Und weil der Feind ebenfalls zu den Hauptfiguren gehört, haben wir viele dieser Aufgaben schon beim Helden kennengelernt.

Die wichtigsten Funktionen des Feindes:

- auf Schwächen des Helden aufmerksam machen
- die Lösung des Problems verzögern
- Hindernisse aufbauen
- Charaktereigenschaften personifizieren
- weitere Identifikationsmöglichkeiten bieten
- innere Konflikte des Helden widerspiegeln
- die Geschichte vorantreiben
- Emotionen auslösen und verstärken
- die Realität des Lebens ins Spiel bringen
- dem Helden die Wahl der richtigen Waffe erleichtern
- Gehilfe des Zufalls sein
- Projektionsflächen aufspannen
- Abgrenzungen ermöglichen

Helden brauchen einen Gegenspieler

Da Helden einen Gegenspieler brauchen, sind Widersacher fester Bestandteil einer guten Geschichte. Steht dem Erreichen eines angestrebten Ziels niemand oder nichts im Weg, bleibt das Publikum bestenfalls im Standby-Modus. Denn wieso soll es der

Geschichte weiterhin folgen, wenn ohnehin schon klar ist, dass sie gut ausgeht? Erst wenn Gewohnheiten infrage gestellt werden und »Fressfeinde« auftauchen, schaltet das Gehirn vom Standby-Modus auf Fullpower.

Die wahren Feinde auszumachen ist oft schwieriger, als es auf den ersten Blick aussieht. Denn in der Realität geben sie sich selten so leicht zu erkennen wie in Walt Disneys Geschichten. Daher ist die Versuchung groß, dem mentalen Reflex nachzugeben, den offensichtlichsten Konkurrenten als den ärgsten Feind zu bezeichnen. Mein Tipp: Tun Sie das nicht! Denn das greift meistens zu kurz, schwächt das Selbstbewusstsein und verhindert Überraschungen. Ich verweigere mich einem Fitnessprogramm ja nicht, weil mir die Wahl eines Anbieters schwerfällt. Was mich daran hindert sind eher Feinde wie Faulheit, miefige Atmosphäre, tätowierte Muskelprotze, zu langsame Fortschritte, ungenügendes Selbstwertgefühl, mangelnde Hygiene, Jahresaboverpflichtung, düstere Standorte, schulmeisterliche Betreuung, sexuelle Ausrichtung der Clubmitglieder, komplizierte Geräte oder dürftige Kontaktmöglichkeiten.

Nun lehren uns die Drehbuchschreiber guter Geschichten geflissentlich, dass zu viele Feinde die Dramaturgie stören, Spannung nehmen, den Plot verwässern und die Übersicht gefährden. Sieht das Publikum in jeder Szene einen neuen Bösewicht, fühlt es sich schnell überfordert. Weil das auch der griechische Dichter Homer wusste, ließ er Herakles gegen die Hydra kämpfen und schuf damit einen »All-inclusive-Feind«. Denn kaum schlug der Held diesem schlangenähnlichen Ungeheuer einen ihrer vielen Köpfe ab, wuchsen zwei neue nach. Wie es Herakles schließlich sogar gelang, den unsterblichen Kopf in der Mitte zu besiegen, ist ein schönes Lehrstück für die Lösung mehrschichtiger Probleme und die Notwendigkeit geeigneter Helfer.

Der ideale Feind

Die Suche nach dem wichtigsten Feind gehört also zu den zentralen Elementen von Storytelling. Nur ein klares Feindbild ermöglicht die Identifikation mit dem Helden und die Evaluation der richtigen Waffen. Es führt kein Weg daran vorbei, allein oder in Teamarbeit den Feind herauszufinden, gegen den der Kampf geführt werden soll. Bevor dies nicht feststeht, macht es wenig Sinn, an den Details einer Geschichte zu basteln. Und denken Sie bei der Suche daran, dass die wenigsten Bösewichte ein T-Shirt tragen, auf dem das Logo des Teufels prangt.

Im Großen und Ganzen können Sie sich bei der Suche nach dem idealen Feind die gleichen Fragen stellen, wie bei Ihren Nachforschungen zum Helden.

Neu sind folgende Fragen:

- Was fehlt dem Helden zur Vollkommenheit?
- Welche dunklen Seiten versucht der Held zu verbergen?
- Was verursacht dem Helden Albträume?
- Welche negative Eigenschaft des Helden würde uns überraschen?
- Welcher unbekannte Konkurrent könnte zur Gefahr werden?
- Welche Waffen und übernatürlichen Kräfte könnten den Helden besiegen?

Einem Geschichtenerzähler stellen sich viele Feinde in den Weg. Trotzdem sollte ihn diese Erfahrung nicht dazu verleiten, dies auch seinem Publikum zuzumuten. Denn dieses zieht Geschichten vor, in dem es nicht nur einen klaren Helden, sondern auch einen Hauptfeind gibt. Diese Rolle auf mehrere Figuren zu verteilen, zahlt sich nur aus, wenn es dafür nachvollziehbare Gründe gibt. Ist dies nicht der Fall, müssen sich potenzielle Kandidaten ebenfalls mit einer Helferrolle zufriedengeben.

Übungen

- Suchen Sie im Internet nach den sieben katholischen Todsünden und ergänzen Sie diese Liste mit weiteren Widersachern auf dem Weg ins Paradies.
- Überprüfen Sie, ob Ihr Hauptfeind dem gewählten Helden ebenbürtig ist, indem Sie die beiden in einer Schlüsselszene gegeneinander antreten lassen.
- Verwandeln Sie Ihre eigenen negativen Eigenschaften in Figuren.
- Suchen Sie zehn Filmbösewichte aus, mit denen Sie sich am meisten identifizieren können.

Werkzeugkasten

- Kriminalromane mit literarischem Anspruch, wie sie zum Beispiel der schwedische Schriftsteller Henning Mankell geschrieben hat.
- Sünden- und Bußenregister aller Art.
- Benimmbücher aus dem letzten Jahrhundert oder noch älteren Datums.
- Widerständlern ein Gesicht geben, indem Sie negative menschliche Eigenschaften mit Anreden wie Herr, Sir, Mister, Signor, Frau, Miss, Missis, Madame oder Signorina versehen.

Stolpersteine

- Ohne Not dem Konkurrenten die Rolle des Feindes übergeben.
- Dem Aussehen mehr Beachtung schenken als den Charaktereigenschaften.
- Einmalige Taten übergewichten.

3.9 Verzögerungen

Eine Geschichte, die in sechzig Sekunden oder weniger erzählt werden muss, erträgt keine Verzögerungen. So die gängige Meinung in der Radio- und Werbebranche. Aber sie ist falsch. Denn Unterbrechungen des erwarteten Ablaufs sind immer möglich. Und weil sie Aufmerksamkeit erwecken, sollten wir bremsende Elemente wie Pausen, Rückblenden, Irrwege oder Cliffhanger in unsere Geschichte einbauen. Selbst ungewollte Verzögerungen können für Spannung sorgen, wie der Pfarrer meiner Kindheit in seinen Predigten bewies. Denn wir warteten jedes Mal auf den Moment, in dem er seine eigenwillig interpretierten Geschichten aus der Bibel mit dem Satz »In Christus Geliebte« unterbrach. Denn allzu häufige Wiederholungen deuten darauf hin, dass der Geschichtenerzähler über ein beschränktes Instrumentarium verfügt oder Verzögerungen dazu missbraucht, eigene Schwächen zu kaschieren.

Mit welchen Mitteln Sie das Happy End hinauszögern, hängt natürlich auch vom Medium ab, mit dem Sie Ihre Geschichte verbreiten. Je mehr Sinne Sie bedienen, desto mehr Varianten stehen Ihnen zur Verfügung. Denn unpassende Töne oder Gerüche können ebenfalls bremsend wirken. Da an diesem Crashkurs wohl vor allem Leser teilnehmen, die keine Drehbücher für abendfüllende Filme schreiben, beschränke ich mich bei der Aufzählung möglicher Verzögerung auf solche, die fast überall einsetzbar sind.

Der Fortgang einer Geschichte lässt sich durch folgende Elemente verzögern:

- Ins Innenleben einer Figur oder eines Objekts blicken.
- Alternativen ins Spiel bringen. Was wäre, wenn …?
- Die Frage in den Raum stellen, ob der Kampf weitergeführt werden soll.
- Auf einen blinden Fleck des Helden oder anderer Figuren hinweisen.
- Für die Geschichte wichtige Dinge für einen Moment vorenthalten oder verlieren.
- Die Erzählperspektive wechseln.
- Wetterkapriolen nutzen.
- Die gleiche Information mit einem anderen Medium vermitteln.
- Handlungen und Sequenzen wiederholen.
- Rituale einfügen.
- Szenen aus Nebenhandlungen einblenden.
- Sinnlücken stopfen.
- Gestellte Fragen nicht gleich beantworten.
- Physische oder psychische Schwächen einer Figur aufnehmen.
- Fehler wie Versprecher oder ungeschicktes Verhalten einbauen.

Verzögerungen machen Geschichten nicht nur spannender, sondern auch glaubwürdiger. Denn sie docken an die Erfahrung an, dass sich das Leben nicht planen lässt, Rückschläge der Normalfall sind und geglücktes Timing oft vom Zufall abhängt. Eingeschränkt wird die Glaubwürdigkeit allerdings, wenn Sie Ihr Publikum nach dem Zufallsprinzip hinhalten und eingebaute Verzögerungen keinen funktionalen Bezug zur Geschichte haben. So wie jede Nebenhandlung müssen auch Unterbrechungen den Handlungsstrang stützen und stimmig ein. Ist dies gewährleistet, können Sie mit diesem Element des Story-Checks weitere Sympathiepunkte sammeln.

Übungen

- Achten Sie bei Ihrer Lieblingsserie darauf, wie die Drehbuchschreiber mit gezielt gesetzten Verzögerungen den Wünschen der Werbeindustrie gerecht werden.
- Schreiben Sie eine Rede von höchstens drei Minuten, in der Sie Ihre Qualitäten als Storyteller anpreisen und mindestens drei Verzögerungen einbauen.
- Erzählen Sie jemandem die Geschichte, wie Sie zu Ihrem ersten Auto kamen und achten Sie dabei auf stimmige Verzögerungen.
- Den gleichen Witz von verschiedenen Personen erzählen lassen. Auch als Spontanwettbewerb an einem unterhaltsamen Abend empfehlenswert.

Werkzeugkasten

- Lehr- und Handbücher zur Kunst des Drehbuchschreibens.
- Witzsammlungen.
- Geschichte als Musik betrachten und den Rhythmus bestimmen.

Stolpersteine

- Verzögerungen willkürlich einsetzen.
- Durch zu lange Verzögerungen den roten Faden abreißen lassen.
- Das Element Wiederholung überstrapazieren.

3.10 Einfachheit

»Dein Text ist dann gut, wenn der Kunde meint, das hätte er auch selber schreiben können.« Mit diesem Hinweis wollte mich mein Lehrmeister im Copywriting nicht nur zur Einfachheit anhalten, sondern auch auf meine Selbstständigkeit vorbereiten. Denn er fügte hinzu: »Bei Kunden ohne Verständnis für die Kunst des Reduzierens, brauchst du mehr Zeit für das Erklären der Rechnung als für deine Arbeit.«

»Reduce to the max.« Den Slogan, mit dem 1997 der Smart lanciert wurde, hat sich die Evolution schon viel früher zu eigen gemacht. Daher funktioniert auch das menschliche Gehirn nach diesem System. Vor die Wahl gestellt, eine komplizierte oder einfache Information zu verarbeiten, entscheidet es sich immer für Simplicity, falls sich die beiden Informationspakete ähnlich deuten lassen. Das schützt vor Überlastung und spart wertvolle Energie. Und die wendet es nur auf, wenn ein Gewinn winkt. Bei der Auslegung, was ein Gewinn ist, berücksichtigt das Gehirn allerdings, in welchem Kopf es sich befindet. Denn einige mögen knifflige Kreuzworträtsel, andere fördern mit Unverständlichem ihre akademische Karriere und bei Beratern winken Zweitwohnungen. Je nach Zielgruppe muss der Grundsatz »less is more« nicht zwingend zutreffen. Doch wie Untersuchungen bei der Vergabe von Fördergeldern zeigen, hängt sogar im Wissenschaftsbetrieb ein positiver Entscheid wesentlich davon ab, ob das Summary oder Abstract eine gute Geschichte und damit einfach ist. Trotzdem hat Einfachheit noch immer einen schweren Stand. Und daran wird sich wohl nicht so schnell etwas ändert, solange es für wissenschaftliche Geschichten vorgeschriebene Seitenzahlen gibt, PowerPoint-Präsentationen mit nur drei Folien als Zeichen von Faulheit interpretiert werden und ein »Tatort« zwingend 88 Minuten dauern muss.

Schon früh auf Kompliziertes sozialisiert, müssen wir uns die Kunst der Einfachheit wieder aneignen, wenn wir als Geschichtenerzähler Erfolg haben wollen. Und um die Einleitung zu diesem Abschnitt nicht unnötig zu verkomplizieren, gehe ich einfach davon aus, der Leser teile meine Meinung und wolle nun wissen, was dies für das Storytelling bedeutet.

Der Weg zur Einfachheit führt im Storytelling über die drei Etappen Konzeption, Durchführung, Überprüfung. Und wer sich viel Arbeit ersparen will, hält sich am besten an diese Reihenfolge.

3.10.1 Konzept und Idee

What's the story? Auf diese Frage brauchbare Antworten zu finden, ist bereits bei der Suche nach dem Urthema oder Plot von fundamentaler Bedeutung. Ist Ihnen dies gelungen, werden Sie keine Mühe haben, einen Küchenzuruf zu formulieren. Denn ein solcher ist äußert nützlich, um den Faden nicht zu verlieren und dem Publikum die Kernaussage Ihrer Geschichte zu vermitteln.

Küchenzuruf oder Elevator-Pitch

Ob der deutsche Verleger und Publizist Henri Nannen tatsächlich der Vater des Küchenzurufs war, ist umstritten. Fest steht jedoch, dass dieser Meister im Storytelling journalistische Texte für unbrauchbar hielt, in denen er keine Idee erkannte. Da Männer inzwischen ebenfalls am Kochherd stehen, zumindest wenn sie dafür von Gästen bewundert werden, transportiert der Küchenzuruf auch kein antiquiertes Rollenverständnis (mehr). Ob Mann oder Frau, wenn Sie als Storyteller in der Küche stehen, müssen Sie die Frage »Mit welch' wunderbarer Geschichte überrascht du uns denn heute?« in zwei bis maximal drei Sätzen beantworten können. Oder falls Ihnen diese Vorstellung allzu fremd ist, können Sie die Übung auch in den Aufzug verlegen, was aufs Gleiche herauskommt, aber Elevator-Pitch genannt wird.

Wie Sie den Küchenzuruf stilistisch formulieren wollen, ist völlig Ihnen überlassen, solange er die Idee Ihrer Geschichten wiedergibt. So könnte der Küchenzuruf für dieses Buch in folgenden Varianten formuliert werden:

- Die Leser bekommen eine Checkliste, die ihnen das Finden und Erfinden guter Geschichten erleichtert, weil sie auf alle Elemente aufmerksam macht, die in Informationspaketen zu finden sind, welche freiwillig weitergereicht werden.
- Die Leser erhalten ein Skelett, das jede Geschichte trägt und gleichzeitig unzählige Varianten zulässt.
- Dieses Buch ist wie eine Anleitung für das Schachspiel, aber für Geschichten.
- Dieses Buch erzählt die Geschichte von Menschen, die sich beim Aufbereiten von Informationen gerne an bewährte Prinzipien halten, Schulmeisterei hassen und ihrer Individualität frönen möchten.

Eine schöne Metapher für »Reduce to the max« habe ich im Buch »Brandtelling« von Matthias M. Mattenberger gefunden. Er erinnert seine Leser daran, wie einfach es ist, einen zugeworfenen Tennisball zu fangen. Die Wahrscheinlichkeit, keinen oder den falschen zu erwischen, nimmt dann zu, wenn mehrere Tennisbälle gleichzeitig auf den Fänger, sprich den Leser einer Geschichte zukommen.

3.10.2 Konzept und Aufbau

Als Zeichen von Einfachheit interpretiert das Gehirn, wenn Ihre Geschichte eine Struktur hat. Am besten eine, die Sie nicht selber erfunden, sondern von Meistern im Storytelling übernommen haben. Ausgezeichnet bewährt hat sich die Einteilung einer Geschichte in drei oder fünf Akte. Wie wir in Kapitel 3.10.5 »Struktur einer Abenteuerreise – Geheimrezept oder Stolperfalle?« sehen werden, kann eine Botschaft auch in 17 Phasen unterteilt werden. Aber dieser Ansatz wird schnell zu einem Zwangskorsett und dient der Strukturierung eigener Gedanken mehr als dem Publikum. Bleiben wir also fürs Erste bei der einfachsten aller Strukturen und beschränken uns auf drei Akte. Zumal sich theoretisch jede stimmige Geschichte in drei, fünf oder gar sieben Akte unterteilen lässt.

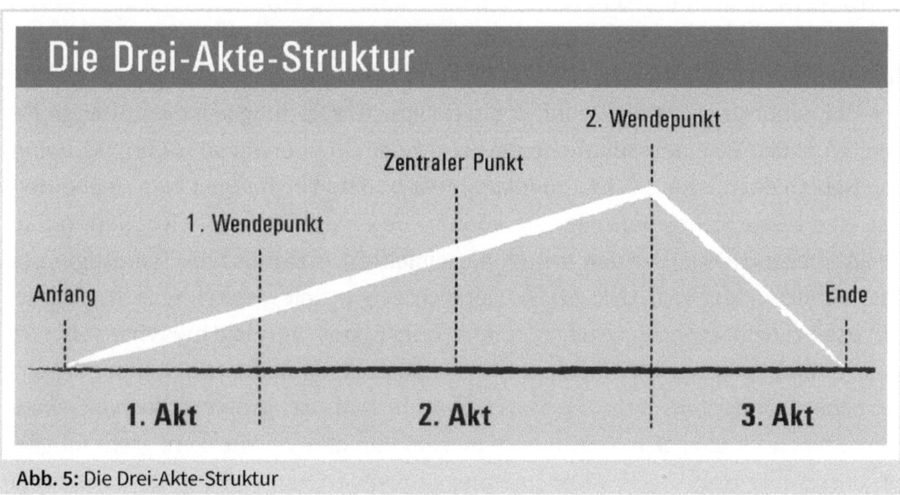

Abb. 5: Die Drei-Akte-Struktur

Exposition

Im ersten Akt erwartet Ihr Publikum, dass Sie ihm die Hauptfiguren vorstellen und das Problem schildern, das es zu lösen gilt. Und am Schluss des ersten Aktes möchte es wissen, weshalb der Held nicht schon längst am Ziel ist, welches Hindernis er zu überwinden hat und in welche Richtung die Geschichte weitergehen könnte. Daher nennt man diese Einstimmung auch Exposition, Darlegung.

Konfrontation und Konflikt

Nach dem ersten Akt, der oft mit einem bedeutenden Ereignis endet, das der Handlung eine neue Richtung gibt, beginnt mit dem zweiten Akt die Mitte der Geschichte. Nun sorgen Konfrontationen und Konflikte dafür, dass die Intensität der Story zunimmt. Diese Form einer Tempoverschärfung ist notwendig, um das Publikum weiterhin zu erreichen. Denn dessen Aufmerksamkeit ist am Anfang und Ende am größten, weil Problemstellung und -lösung am meisten interessieren.

Die Gefahr, dass Ihre Geschichte dem Element Einfachheit nicht genügt, ist im Mittelteil am größten. Figuren können aus ihren Rollen fallen, Nebenschauplätze zu sehr ins Scheinwerferlicht geraten, Feinde sich in ihren Strategien verzetteln, Abteilungen für Kulissen und Requisiten eigene Brötchen backen oder Wollknäuel den Platz des roten Fadens einnehmen.

Zentraler Punkt bzw. Wendepunkt

Der Midpoint oder zentrale Punkt ist die strukturelle Rettungsleine im Gewoge des zweiten Aktes. Eine neu auftauchende Figur oder ein unerwartetes Ereignis zwingt den Helden dazu, sein Ziel neu zu fokussieren und den bisherigen Weg zu überdenken. Ist die Geschichte neu kalibriert, können Sie sich nun auf den wichtigen Wendepunkt konzentrieren, der den dritten Akt einleitet. Jetzt muss der Hauptfigur und dem Publikum klar sein, dass endlich eine Lösung erzielt werden muss. Ein Zurück gibt es jetzt nicht mehr. Entweder Ordnung oder Chaos. Der Held muss handeln oder von der Bildfläche verschwinden. In der Fliegerei kann dieser »Point of no Return« tatsächlich bedeuten, dass die Maschine vom Radarschirm verschwindet, wenn beim Start oder über dem Ozean nach diesem Punkt keine Rückkehr mehr möglich ist. Und ist der Held das Produkt, muss es nun in den Handel kommen oder eingestampft werden. Daher wird der Einsatz nochmals erhöht.

Auflösung

Im dritten Akt arbeiten Sie aus, was am Wendepunkt beschlossen wurde. Nun schaffen Sie Klarheit, ob und wie der Held sein Ziel erreicht. Hat er eine Entwicklung durchgemacht, sich verändert, die Spielregeln erkannt, geeignete Helfer gewählt und sich genügend in seinen Widersacher hineingedacht? Erhält Ihr Publikum auf diese Fragen klare Antworten und kann der Aufteilung in drei Akte folgen, ist der Aufbau Ihrer Geschichte einfach genug.

3.10.3 Durchführung

Im Gegensatz zu einem Bildhauer, können Sie der Einfachheit geopferte Teile auch wieder ansetzen. Trotzdem ist es gut, wenn Sie das Element »Einfachheit« schon während des Schreibens Ihrer Geschichte immer im Auge behalten und die Ratschläge erfahrener Geschichtenerfinder berücksichtigen. Auch wenn die dritte Etappe zur Einfachheit, die Überprüfung, die wichtigste ist.

Storyteller ertragen die Einsamkeit

Es ist kein Zufall, dass es bei Dreharbeiten nur einen Stuhl gibt, der mit »Regisseur« beschriftet ist. Und Gourmettempel, in denen mehrere Chefköche arbeiten, haben ebenfalls Seltenheitswert. Mitbestimmung in der Konzeptionsphase mag ihren Sinn haben, bei der Umsetzung steht sie der Einfachheit jedoch häufig im Wege. Die Helden für einen Storyteller heißen Lucky Luke, Bruce Willis oder Anna Magnani. Hüten Sie sich davor, nach jeder Szene Applaus einholen zu wollen, bevor Sie Ihre Geschichte zu Ende gebracht haben.

Storyteller überwinden die Angst des Scheiterns

Da die Suche nach Anerkennung zu den allgemein menschlichen Eigenschaften gehört, möchten auch Geschichtenerzähler, dass ihre Arbeit mit Höchstnoten ausgezeichnet wird. Aber wer dem inneren Zensor zu viel Raum lässt, kann dem Primat der Einfachheit kaum gerecht werden. Wer sich während des Schreibens dauernd fragt, wie sein Ergebnis vom Publikum aufgenommen wird, erliegt leicht der Versuchung, es allen recht machen zu wollen. Und damit begibt er sich automatisch auf einen Weg, der zu komplizierten Geschichten führt. Ob Sie scheitern oder Erfolg haben, können Sie im Vorfeld nie wissen. Denn viel hängt auch davon ab, ob Sie Ihre Geschichte zur richtigen Zeit, am richtigen Ort und dem richtigen Publikum erzählen. Und damit auch vom Zufall.

Storyteller arbeiten nach einem System

Wenn Sie im Deutschunterricht einfach eine Idee zu Papier gebracht haben, wird es kaum zur Maximalnote gereicht haben. Denn eine Idee können Sie nur zum Leben erwecken, sichtbar machen und vermitteln, wenn Sie Einzelteile nach einem bestimmten Modell ordnen. Nach welchem dies geschieht, bleibt Ihnen überlassen.

Allerdings sollte es Ihnen ermöglichen, von innen nach außen zu arbeiten. Denn die meisten erfolgreichen Autoren setzen sich nicht einfach an den Computer und beginnen wie wild zu schreiben. Vielmehr nehmen sie sich die Zeit, Stapel von Kärtchen zu beschriften oder ein vergleichbares Softwareprogramm mit Inhalten zu füttern. Und falls man sich auf wenige Kartenstapel beschränkt, wird relativ schnell ersichtlich, was zur Geschichte gehört und was nicht.

3.10.4 Überprüfung der Geschichte

Ginge es bei der Überprüfung der Geschichte nicht auch um unsere Lieblinge, wäre alles viel einfacher. Aber eine Analyse, bei der wir einzelnen Passagen schon von vornherein einen Sonderstatus zubilligen, greift eben nur halb. Also müssen wir auf dem Weg zur Einfachheit manchmal sogar Szenen, Figuren und Sätze streichen, die wir beim Schreiben für die besten hielten. Das fällt Geschichtenerzählern, die dem Cutter im Schneideraum schon einmal über die Schulter schauten, sicher leichter. Aber weil Ihnen diese Erfahrung wahrscheinlich fehlt, können Sie getrost auch kleine Schritte wagen. Speichern Sie die Originalfassung ab. Dann streichen Sie auf einer Kopie, so schonungslos, wie Sie es seelisch noch verkraften können, alles Überflüssige. Danach schlafen Sie eine Nacht darüber und vergleichen Ihre beiden Fassungen. In Zweifelsfällen können Sie sich die Frage »Würde ich für die Beibehaltung kämpfen?« stellen. Und holen Sie externe Urteile erst ein, nachdem Sie mit Ihrer Fassung zufrieden sind.

In den weiteren Schritten prüfen Sie anhand der einzelnen Elemente des Story-Checks, was Sie noch weglassen oder hinzufügen sollten, damit Ihr Publikum das gute Gefühl hat, einer ebenso spannenden wie einfachen Geschichten folgen zu dürfen.

Übungen
- Streichen Sie in Geschichten anderer Autoren alles, was Ihnen das Verständnis erschwert, für unnötige Langeweile sorgt oder die Idee verwässert. Falls Sie dies bei Geschichten mit vorgeschriebener Länge machen, erkennen Sie als Nebeneffekt die Fragwürdigkeit solcher Richtlinien.
- Statt komplizierte Gebrauchsanweisungen gleich in den Müll zu werfen, legen Sie diese auf Ihren Aufgabenstapel und formulieren Sie bei Gelegenheit einige so um, dass sie einfacher werden.
- Schreiben Sie nach dem Muster von TV-Programmzeitschriften Inhaltsangaben zu Filmen, die Sie mögen.
- Benutzen Sie den Küchenzuruf auch im Alltag und bei Handlungsanweisungen.

Werkzeugkasten
- Küchenzuruf, Elevator-Pitch oder Tennisball.
- Ihre persönliche Version des Story-Checks.
- Roy Peter Clarks Handbuch »Die 50 Werkzeuge für gutes Schreiben« oder andere Ratgeber für Menschen, die ihr Geld vorwiegend mit Textarbeit verdienen.
- Auf »Pinterest« das Thema »Storytelling« abonnieren.

Stolpersteine
- Sich in Erklärungen verlieren statt Geschichten zu erzählen.
- Beim Überarbeiten die Haltung eines Mechanikers einnehmen.
- Den Weg zur Einfachheit abkürzen wollen.
- Angst, seine Lieblinge vor die Tür zu stellen.

3.10.5 Struktur einer Abenteuerreise – Geheimrezept oder Stolperfalle?

»Der Heros in tausend Gestalten«. So lautet der deutsche Titel eines Buches, das der amerikanische Literaturwissenschaftler Joseph Campbell 1949 veröffentlichte. Und weil im gleichen Jahr sein Landsmann Christopher Vogler zur Welt kam, finden diese an sich unbedeutenden Informationen Aufnahme in unserem Crashkurs. Denn auch

Vogler hat ein Buch geschrieben. Nicht irgendeines, sondern das Geheimrezept für einen Blockbuster. Dies glaubte man jedenfalls in Hollywood, als 1998 »The Writer's Journey« erschien. Und weil sich dieser Glaube in den folgenden Jahren auf allen möglichen und unmöglichen Gebieten ausbreitete, finden sich auf Google inzwischen über 40.000 Hinweise, wenn Sie die beiden Begriffe »Storytelling« und »Abenteuerreise« ins Suchfeld eingeben. Das wäre nicht weiter schlimm, würde es nicht zum Irrtum führen, eine gute Geschichte müsse die Struktur einer Abenteuerreise aufweisen. Obwohl dem nicht so ist, möchte ich niemanden davon abhalten, eine der aktualisierten und erweiterten Auflagen von »Die Odyssee des Drehbuchschreibers« zu lesen. Im Gegenteil. Da Christoph Vogler ebenfalls davon ausgeht, dass jede gute Geschichte gewissen Regeln folgt, finden sich viele Parallelen zum Story-Check. Nur ist es ein allzu enges Korsett, wenn wir Geschichten in eine Struktur pressen, die »Heldenreise in zwölf Phasen« lautet. Zumal dieses vermeintliche Erfolgsrezept sogar mit siebzehn und noch mehr Gängen angeboten wird und sich damit schwierig mit dem Element »Einfachheit« verbinden lässt.

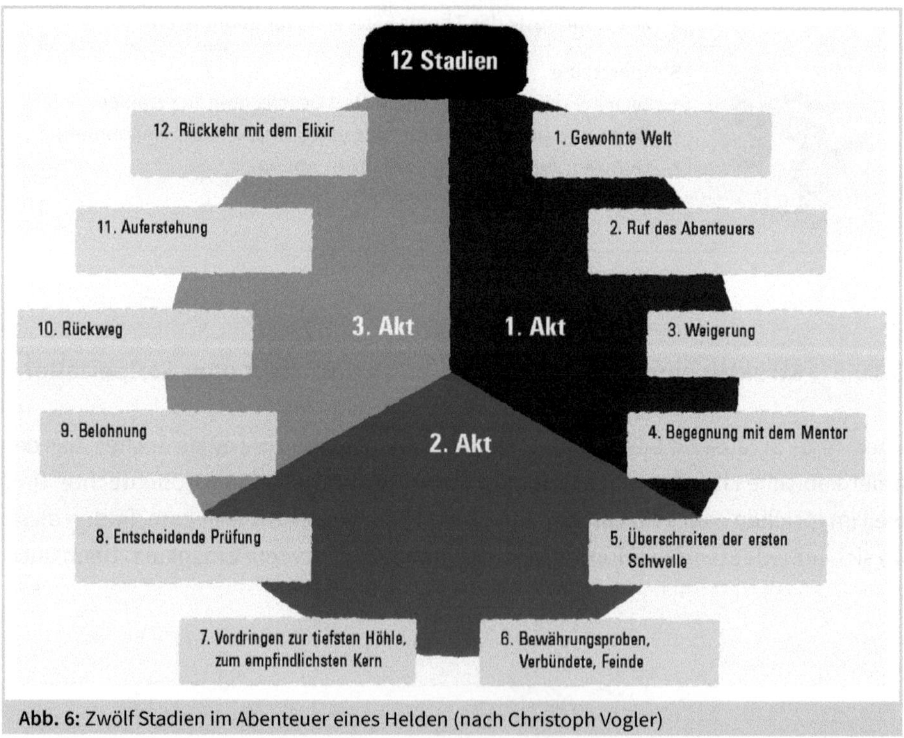

Abb. 6: Zwölf Stadien im Abenteuer eines Helden (nach Christoph Vogler)

Die Metapher »Abenteuerreise« für Storytelling ist inzwischen so verbreitet, dass ich Ihnen das Original kurz vorstelle, um danach noch auf einige Stolpersteine bei der Anwendung dieser populären Strukturierungshilfe aufmerksam zu machen.

Der Bekanntheitsgrad von Joseph Campbell und seinem Heldenbuch ist doch erstaunlich. Denn wissenschaftliche Auseinandersetzungen mit vergleichender Mythenforschung locken in der Regel kein Millionenpublikum an. Aber genau das geschah, als 1987, kurz nach dem Tod von Campbell, die sechsteilige Fernsehserie »Joseph Campbell and the Power of Myth« ausgestrahlt wurde, die zum Teil auf der Ranch des Star-Wars-Regisseurs George Lucas aufgenommen wurde. Und seit Christoph Vogler den Ball zehn Jahre später aufnahm, herrscht der Glaube, Storytelling ohne Abenteuerreise könne nur eine amputierte Version sein. Aber da die wenigsten Geschichtenerzähler gleich ganze Drehbücher schreiben, sondern meist in möglichst kurzer Zeit um Sympathiepunkte für Produkte, Unternehmen, Ideen oder Dienstleistungen kämpfen, möchte ich auf die Stolpersteine bei der Anwendung der Abenteuerreise hinweisen.

Stolpersteine

- Die Metapher Abenteuerreise verstärkt die Auffassung, der Held müsse zwingend menschlicher Natur sein oder gar ein bestimmtes Geschlecht aufweisen.
- Steht nicht genügend Zeit zur Verfügung, wirkt die Berücksichtigung aller Stadien oft schematisch oder sogar gequält.
- Der mythologische Hintergrund dieser Struktur verführt zu esoterisch wirkenden Ausflügen.
- Die Konzentration auf den Ablauf einer Abenteuerreise rückt die Bedeutung anderer Elemente des Story-Checks in den Hintergrund.

3.11 Kulissen

Jede gute Geschichte ist schon einmal erzählt worden. Auf diese Behauptung sind Sie inzwischen schon mehrmals gestoßen. Und weil sie sich auch gut belegen lässt, sollten Sie ihr ebenfalls Glauben schenken. Ist dies der Fall, können Sie die Bedeutung der Kulissen noch besser einschätzen. Denn mit der Wahl passender Bühnenbilder lässt sich jede Geschichte aus der Vergangenheit in die heutige Zeit überführen.

Das macht es wesentlich einfacher, der Devise »Variieren Sie lieber eine erfolgreiche Geschichte als eine neue zu erfinden« zu folgen.

Die Bühnenbildner unter den Teilnehmern dieses Crashkurses werden es kaum verstehen, dass die Bedeutung von Kulissen nicht allen bewusst ist. Aber arbeiten sie an einem staatlich subventionierten Opernhaus, erliegen sie vielleicht dem Irrtum, die Qualität einer Kulisse verhalte sich proportional zu deren Kosten. Zudem könnten sie die häufige Ansicht vertreten, unter dem Begriff Kulisse werde nur Sichtbares gehandelt. Das trifft aber nur zu, wenn man akzeptiert, dass wir mit Worten ebenfalls Kulissen aufstellen können. Denn sage ich, dass George W. Bush seine Rede, die Geschichte vom Sieg im Irak-Krieg, in voller Kampfmontur auf dem US-Flugzeugträger »Abraham Lincoln« gehalten hat, haben auch die Leser eine Kulisse vor Augen, die Bushs Spektakel nicht am Fernsehgerät verfolgt haben.

Besser ist es, bei diesem Kapitel an Daniel Kahnemans Abkürzung WYSIATI zu erinnern. Denn damit will der Nobelpreisträger und Experte für Unbewusstes indirekt sagen, dass wir einer Geschichte eher glauben, wenn das vom Gehirn produzierte Bild mit dem Inhalt der Geschichte übereinstimmt. »What you see is all there is« heißt für uns, dass wir mit Kulissen eine Story verstärken, abschwächen oder völlig verändern können. Sich über geeignete Bühnen und Hintergrundbilder für Ihre Geschichte Gedanken zu machen, lohnt sich also.

Wenn in der Nachrichtensendung von erbitterten Kämpfen in den Bergen gesprochen wird, ist eine Reliefkarte des betreffenden Landes eher angesagt als eine farbige Fläche mit den entsprechenden Umrissen. Und eine PowerPoint-Folie mit Balkendiagrammen ist nicht der ideale Hintergrund, wenn ich das Publikum von der Innovationskraft meines Unternehmens überzeugen will.

Eine zusätzliche Motivation zu einer intensiveren Beschäftigung mit Kulissen könnte die Herkunft dieses Begriffs sein. Denn die Übersetzung des französischen Ursprungswortes »Coulisse« lautet »Schiebewand«. Daher arbeite ich in Workshops mit großen Bildkarten, die sich assoziativ vor eine Geschichte schieben lassen.

In den Registern von Storytelling-Lehrbüchern taucht der Begriff »Kulisse« ebenso wenig auf wie in Ratgebern für Drehbuchautoren. Daher muss man zu Werken von Autoren greifen, die sich mit Kameraeinstellungen, Filmauslösung, visueller Kommunikation oder Bühnenbau befassen, falls Detailwissen gefragt ist. Im Rahmen dieses Crashkurses soll es genügen, sich einige der folgenden Fragen zu stellen:

- Ist die zu einer Szene gewählte Kulisse wirklich die beste?
- Überlasse ich es bewusst meinem Publikum, allfällige Leerstellen mit Vorstellungsbildern zu füllen?
- Kann ich das Milieu, in dem die Geschichte spielt, mit einer passenden Kulisse verdeutlichen?
- Welchen Einfluss haben Vorder-, Mittel-, und Hintergrund auf die Dynamik meiner Geschichte?
- Welche Gefühle weckt meine gewählte Kulisse?
- Inwieweit kann ich Licht und Farbe als Assoziationshilfen einsetzen?
- Wie würde ich meine Geschichte auf einer Theaterbühne inszeniert haben wollen?
- Welche Anweisungen zur Kulisse müsste ein Bühnenbildner unbedingt berücksichtigen?
- Was würde ich als Kameramann in Großaufnahme zeigen?

Zu den Geschichtenerzählern, die sich seit Jahren mit der Funktion und Bedeutung von Kulissen beschäftigen, gehört der österreichische Film- und Fernsehdramaturg Christian Mikunda. Und ohne das Vokabular des Storytelling zu benutzen, entwickelte Mikunda eine Grammatik, der Aufführungsorte von Geschichten folgen sollten, um mit Inhalten stimmig zu sein. Der vom amerikanischen Psychologen E.C. Tolman übernommene Begriff »Kognitive Landkarte« umschreibt anschaulich, dass Kulissen auch die Aufgabe zukommt, Geschichten in den Köpfen des Publikums richtig zu verorten. Daher ist es verständlich, wenn sich Szenenbildner dagegen wehren, in Österreich »Ausstaffierer« genannt zu werden. Denn die gekonnte räumliche Gestaltung einer Bühne ist weit mehr, als passende Objekte oder Hintergrundbilder auszuwählen. Und weil das die Betreiber großer Einkaufmalls ebenfalls entdeckten, ziehen sie bei der Konzeption ihrer Kulissen inzwischen Experten wie Christian Mikunda hinzu. Dass solche Entdeckerfreuden bei Geschichtenerzählern noch immer selten sind, ist Ihre Chance. Denn auf Gebieten zu punkten, auf denen kein starker Wettbewerb herrscht, ist einfacher als auf heftig umkämpften.

Die fantastische Verarbeitungskapazität der unbewusst arbeitenden Hirnareale bringt es mit sich, dass die Zeichensprache von Kulissen stärker wahrgenommen wird, als Sie glauben. In Zeiten von Online-Meetings, Zoom-Vorlesungen oder

Teams-Workshops haben die Bühnen, auf denen wir Menschen handeln, nochmals an Bedeutung gewonnen. Denn alles erzählt eine Geschichte.

	**Übungen** • Besuchen Sie ein großes Einkaufszentrum und halten Sie in Ihrem Storytelling-Notizbuch fest, welche Geschichten Ladeneinrichtungen und Kulissen Ihnen erzählen. • Achten Sie beim Anhören eine Rede darauf, ob und wie der Redner mit Kulissen spielt. • Machen Sie Rundgänge durch Ihre Wohnung und überlegen Sie sich, ob Sie mit den betrachteten Kulissen zufrieden sind. • Beurteilen Sie Eingangsseiten von Unternehmen und Organisationen nach dem Faktor »stimmige Kulisse«. • Fragen Sie nach einem Online-Meeting einzelne Teilnehmer, was ihnen vom Hintergrund, von Ihrer Home-Office-Kulisse geblieben ist.
	**Werkzeugkasten** • Bildkarten, wie sie für Coachings und Therapiearbeit angeboten werden. • Eigene Sammlung gelungener Kulissen. • Kunstführer der Sixtinischen Kapelle oder anderer berühmter Wandmalereien. • Lehrbücher zur Wahrnehmungspsychologie.
	**Stolpersteine** • Bei Kulissen nur an Gegenständliches denken. • Die Wirkung von Details unterschätzen.

3.12 Requisiten

Die Mimik brachte es klar zum Ausdruck. Mein Studienkollege freute sich, dass mein Blick auf die Wochenzeitung der Linken fiel, die auf dem Küchentisch lag, an dem wir uns auf die Prüfung vorbereiten wollten. Weniger groß war seine Freude, als ich ihn wegen eines vergessenen Buches Stunden später nochmals aufsuchte und dabei an der fast gleichen Stelle die bürgerliche »Neue Zürcher Zeitung« sah. Denn erwartet hatte er nicht mich, sondern die immer adrett gekleidete Kommilitonin aus bestem Haus.

Requisiten als emotionale Marker

Objekte sind eben keine stummen Wesen ohne eigene Geschichte. Und sie haben neben ihren Funktionen, uns Menschen als Werkzeuge und Identitätsstifter zu dienen, manchmal sogar die Aufgabe, unser Überleben zu sichern. Daher erhalten sie beim Abspeichern in unserem Erfahrungsgedächtnis einen emotionalen Marker, der sie als gut oder schlecht bezeichnet. Diese vom amerikanischen Neurowissenschaftler António R. Damásio empirisch abgesicherte Entdeckung sollten wir beim Storytelling ebenfalls berücksichtigen. Denn offenbar ist es nicht egal, welche Requisiten in einer Geschichte vorkommen und was wir den Helden oder ihren Feinden in die Hand drücken.

Requisiten als Botschaften

Als die österreichische Motiv- und Marktforscherin Helene Karmasin 1993 ihr Buch »Produkte als Botschaften« veröffentlichte, war das Echo trotz hohem Neuigkeitswert bescheiden. Fünfundzwanzig Jahre später ist das anders. Die Entschlüsselung von Codes, die jedes Objekt und damit auch jede Verpackung aussendet, ist für Unternehmen zum Muss geworden. Und die Forschungsarbeiten auf diesem Gebiet lassen sich für das Storytelling ebenfalls nutzen, wenn wir »Produkte« durch »Requisiten« ersetzen. Durch diese Auswechslung ergeben sich folgende Erkenntnisse, auf die Sie künftig achten sollten:

- Neben ihren funktionalen Zwecken haben Objekte auch eine kommunikative Funktion.
- Die Botschaft eines Objekts wird auch davon beeinflusst, wer es besitzt oder überbringt.
- Requisiten haben immer auch eine kulturelle Rahmung.
- Objekte können Ideologieträger sein und vermitteln gesellschaftliche Werte.
- Soziale Basiscodes wie männlich/weiblich, jung/alt u. a. sind bei Requisiten zu berücksichtigen.
- Wie die Jury des Unbewussten ein Objekt bewertet, ist wichtiger als das Urteil der Vernunft.
- Ein Publikum lässt sich auch nach dessen Geschmacksvorlieben für Dinge gliedern.
- Im kulturellen Gedächtnis verankerte Bedeutungen eines Objekts sind für Storyteller verbindlich.
- Verändert sich ein Objekt von Zustand 1 zu Zustand 2, erzählt es eine neue Geschichte.
- Requisiten mit prototypischem Charakter können zu Supersymbolen werden.
- Die Signalwirkung eines Objekts wächst mit der Zahl seiner Auftritte.

- Die Verwendung religiös besetzter Dinge bedarf einer funktionalen Begründung.
- Die Umgebung eines Objekts kann seine Interpretation beeinflussen.
- Je größer das assoziative Netz eines Objekts, desto vielfältiger lässt es sich einsetzen.
- Wir wenden unsere Aufmerksamkeit eher Objekten zu, die wie bereits kennen, mit denen wir gute Erfahrungen gemacht haben und die von persönlicher Relevanz sind.

Ob Sie all diese Aspekte beim Einsatz von Requisiten berücksichtigen wollen, ist natürlich Ihnen überlassen und letztlich nicht spielentscheidend. Hauptsache, Sie heben sich von anderen Geschichtenerzählern ab, indem Sie vermehrt mit Requisiten arbeiten und diese gezielt einsetzen.

Übungen

- Ordnen Sie Menschen, die Sie gut kennen, mindestens fünf typisierende Objekte zu.
- Schreiben Sie Kurzgeschichten »Ein Tag im Leben von ...«, indem Sie Objekten wie zum Beispiel Zahnbürsten, Kaffeetassen, Wochenkalender oder Ähnliches ihre eigene Geschichte erzählen lassen.
- Betrachten Sie Ihren Lieblingsfilm unter der Frage, welche Funktion die Requisiten haben.
- Besuchen einen großen Trödelmarkt und überlegen Sie, welche Gegenstände zu den Hauptfiguren Ihrer Geschichte passen.

Werkzeugkasten

- Klappbücher, bei denen die Seiten horizontal so geteilt sind, dass sich die Seiten unabhängig voneinander umwenden lassen, um Neues zu kombinieren.
- Bildwörterbücher für Kinder und Erwachsene.
- Die Funktion »Bilder«, wenn Sie nach Objekten googeln.
- Das Buch »Produkte als Botschaften« von Helene Karmasin (siehe Literaturverzeichnis).

Stolpersteine

- Persönliche Erfahrungen mit einem Objekt als allgemein gültig betrachten.
- Eine Geschichte mit Requisiten überladen.
- Kulturelle Codes nicht beachten.

3.13 Anfang und Ende

»The first cut is the deepest.« Diesen Song hat Cat Stevens eher für Teilnehmer eines Crashkurses »Verarbeitung von Liebeskummer« als für fortbildungswillige Geschichtenerzähler geschrieben. Aber wer ihn im Ohr hat, vergisst weniger leicht, wie wichtig der Anfang einer Story ist und wie schwierig die Korrektur eines missglückten Auftakts sein kann. Dass dem Anfang einer Geschichte besondere Bedeutung zukommt, wird in jedem Rhetorik- oder Copywriter-Seminar gelehrt und ist deshalb ein alter Hut. Eher neu ist hingegen der wissenschaftliche Segen, den diese Behauptung bekommen hat. Denn erst seit wir dem Gehirn mit teuren Hightech-Geräten beim Arbeiten zuschauen können, lässt sich genau sagen, wann die Aufmerksamkeit des Publikums am größten ist und nach welcher Zeitspanne sie nachlässt. Und da dieser Crashkurs nicht für Drehbuchschreiber von Experimentalfilmen geschrieben wurde und ein guter Anfang unumstritten ist, widme ich mich im Folgenden nur noch den Fragen der Umsetzung.

Beim Element »Einfachheit« habe ich versucht, Ihnen die Einteilung Ihrer Geschichte in drei Akte schmackhaft zu machen. Falls dies gelungen ist, gehen Sie automatisch davon aus, Ihrem Publikum schon früh das Problem und die Hauptfiguren vorzustellen. Das heißt allerdings nicht, dass Sie gleich mit der Tür ins Haus fallen und alles in die Anfangssätze einbringen müssen. Es gibt Geschichtenerzähler, die ihr Publikum mit wenigen Sätzen ködern, während es andere langsam, aber stetig in den Bann ziehen. Jede Story verlangt nach einer eigenen Lösung, die auch von denen abhängt, für die sie geschrieben ist. Grundsätzlich gilt jedoch:

> Der Anfang muss die Adressaten gefangen nehmen und sie dazu verführen, der Geschichte weiter zu folgen. Das kann mit Frechheit, Neuartigkeit, Humor, überraschenden Gedanken, Beobachtungen, Fragen oder Tatsachen geschehen. Wichtig ist nur, dass Ihre gewählte Variante nicht zufällig wirkt, sondern die Regel »Form follows function« berücksichtigt.

Verbindung von Anfang und Ende

Den Anfang und das Ende einer Geschichte als gemeinsames Element zu behandeln, hat einen doppelten Grund. Erstens möchte ich damit gleich bewusst machen, dass eine Geschichte wesentlich an Wert gewinnt, wenn Beginn und Ende wie eine Klammer wirken. Und zweitens erleichtern Gedanken an den Schluss die Konzeption des Auftakts.

Falls Sie den Film »Forrest Gump« mit Tom Hanks gesehen haben, verfügen Sie über eine ideale Mustervorlage. Denn wie es Drehbuchschreiber Eric Roth und Regisseur Robert Zemeckis schaffen, in kurzen Szenen die Hauptfigur sowie das Problem vorzustellen und den Anfang mit dem Ende zu verbinden, verdient das Prädikat »Geniestreich«. Solche Mustervorlagen zu verinnerlichen und mit ihnen zu arbeiten, ist ja ohnehin einer der wichtigsten Tipps in diesem Crashkurs.

Fragen zum Anfang der Geschichte

Für das Gelingen eines guten Anfangs hilft Ihnen das Beantworten folgender Fragen:

- Habe ich am Beginn so lange herumgefeilt, dass ich ihn zum Wettbewerb »Die besten ersten Sätze« einsenden kann?
- Möchte ich den Zuhörer gleich in meine Geschichte hineinziehen oder ihn zuerst bei seiner eigenen abholen?
- Erzähle ich oder reihe ich Fakten aneinander?
- Denke ich bei der Konzeption des Beginns auch an das Ende der Geschichte?
- Erfährt mein Publikum, welches Problem der Held lösen muss?
- Kann ich bereits zu Beginn Assoziationen zu Geschichten der Kindheit, Pubertät oder zu Ersterlebnissen wecken?
- Ist mein Anfang ein starkes Bild?
- Folge ich der Regel »Zeigen, nicht sagen«?
- Haben die gegebenen Informationen eine dramaturgische Notwendigkeit?
- Schaffe oder nehme ich Spannung?
- Habe ich etwas gesagt, das mein Publikum ohnehin schon weiß?
- Ist klar, wann der Vorhang vom ersten Akt fällt?
- Hat mein Anfang einen spürbaren Rhythmus?
- Erleichtert der Auftakt die Orientierung in Zeit und Raum?
- Gebe ich alle entscheidenden Informationen, damit die eigentliche Geschichte beginnen kann?
- Enthülle ich nur so viel, wie der Zuhörer unbedingt wissen muss?
- Ist der letzte Satz eines Abschnitts das Sprungbrett zum nächsten?

Wie bei allen Aufzählungen solcher Fragen ergänzen Sie diese laufend mit eigenen und geben ihnen aufgrund eigener Erfahrungen sowie persönlicher Stärken eine Gewichtung.

Das Ende einer Geschichte

Das Ende einer Geschichte entscheidet häufig darüber, ob sie das Langzeitgedächtnis speichert, eine gewünschte Handlung auslöst und weitererzählt wird. Es macht also Sinn, sich mindestens ebenso intensiv mit dem Schluss zu beschäftigen, wie Sie es mit dem Beginn machen.

Das Wichtigste zum Schluss gleich am Anfang: Lassen Sie den Cowboy am Ende Ihrer Geschichte in den Sonnenaufgang reiten.

Mit diesem Ratschlag soll nicht empfohlen werden, dass jede Geschichte zwingend ein Happy End haben muss. Aber liegt der Held, mit dem sich das Publikum am meisten identifiziert, beim Fallen des Vorhangs tot auf der Bühne, hinterlässt das einfach keine guten Gefühle. Es sei denn, die Lösung des Problems wirke so erleichternd, dass Opfer in Kauf genommen werden.

Um ein konstruiertes und daher wenig glaubwürdiges Happy End zu vermeiden, können Sie den Schluss Ihrer Geschichte auch offenlassen. Das ist deshalb erlaubt, weil sich Menschen ohnehin ihre eigene Fortsetzung denken. Wie die aussieht, können Sie allerdings beeinflussen, indem Sie etwas zeigen, das Hoffnung macht, Möglichkeiten andeutet und allzu negative Varianten einschränkt. Können wir sehen, wie die Sonne untergeht, gibt es wenigstens keine Gewitterwolken.

Was in der Regel schlecht ankommt, ist ein Held, der am Schluss die ganze Geschichte infrage stellt. Denn wer mit der Hauptfigur mitfiebert, möchte nicht hören, die Sache sei es nicht wert gewesen. Ob es sich lohnt, einen Kampf anzunehmen, muss am Anfang geklärt werden. Erfolgt die Antwort erst am Schluss, fühlt sich das Publikum an der Nase herumgeführt und ist zu Recht enttäuscht.

Wenig empfehlenswert ist es auch, sich bei der Gestaltung der Schlusssequenz von Lehrsätzen aus dem Deutschunterricht leiten zu lassen. Denn das führt oft dazu, sein Publikum mit Zusammenfassungen zu langweilen oder es mit Antworten auf die Frage »Was haben wir gelernt?« zu belästigen.

Die Moral von der Geschicht', falls sie denn überhaupt eine haben muss, soll aus den Handlungen und nicht aus einem Statement hervorgehen. Diese Anweisung zu befolgen, macht die Formulierung des letzten Satzes so schwierig.

Der amerikanische Autor und Dozent William Zinsser meinte zu diesem Thema: »Einen Schlusssatz an die falsche Stelle zu setzen, kann einen Text, der bis dahin stabil aufgebaut war, zum Einsturz bringen.« Diese Katastrophe zu verhindern, muss zu Ihren Zielen gehören. Zumal ein treffender Satz auch noch eine Weile nachklingen kann, wenn er nicht der letzte ist.

Für die bereits propagierte Verbindung von Anfang und Ende spricht auch das menschliche Bedürfnis nach Symmetrie. Und ein Kreis, der sich schließt, führt zu Assoziationsketten, zu deren Gliedern auch Geborgenheit, Ruhe, Vollkommenheit und Perfektion gehören. Spielen Sie am Schluss also nochmals eine Note, die Sie bereits am Anfang erklingen ließen.

Fragen zum Ende der Geschichte

Mögliche Fragen, die Sie sich stellen können, wenn Sie das Ende Ihrer Geschichte konzipieren:

- Ist das Problem so gelöst, dass der Cowboy in die Sonne reiten darf?
- Erfülle ich den Wunsch der Leser, dass es selbst in einer chaotischen Welt einen runden Schluss gibt?
- Denke ich daran, dass J. K. Rowling ihre Harry-Potter-Reihe erst begann, nachdem sie das letzte Kapitel des allerletzten Buches verfasste?
- Greife ich die Idee vom Anfang erneut auf, damit sich der Kreis schließt?
- Kommt die Uhr dann zum Stillstand, wenn es der Zeitrahmen meiner Geschichte verlangt?
- Wird das Publikum am Schluss dafür belohnt, der Geschichte zugehört zu haben?
- Muss ich die Neugier befriedigen, wie es mit den Identifikationsfiguren weitergeht?
- Ist die vorgeschlagene Lösung des Problems plausibel?
- Habe ich eventuell das bessere Ende bereits irgendwo in der Geschichte vergraben?
- Was würde passieren, wenn ich Anfang und Ende vertausche?
- Haben die gegebenen Informationen eine dramaturgische Notwendigkeit?
- Schaffe oder nehme ich Spannung?
- Raube ich dem Publikum mit zu vielen Erklärungen das gute Gefühl, selber auf die Lösung gekommen zu sein?
- Beschränke ich mich bei einer Zusammenfassung auf das Wesentliche?
- Ist mein Schlusssatz so gut, dass er die Aufnahme in eine Zitatensammlung verdient?
- Hinterlässt mein Schlussbild tiefe Erinnerungsspuren?

Auch Unterbrechergeschichten brauchen ein Ende

Da die Elemente des Story-Checks auf überzeitlichen und überregionalen Regeln beruhen und mit der Funktionsweise des menschlichen Gehirns begründet werden können, sind Ausflüge zur Familie Fred Feuerstein & Co. durchaus erlaubt. Dies gilt auch für das letzte Element des mentalen Story-Checks »Anfang und Ende«. So können wir von Freds Frau Wilma lernen, dass sie Details plötzlich hohe Aufmerksamkeit schenkt, wenn sie einen großen Schatten vor ihrer Behausung nicht einordnen kann. Denn zu wissen, ob ein Säbelzahntiger auf Nahrungssuche ist oder ihr Mann früher von der Jagd zurückkommt, erhöht ihre Überlebenschancen. Und beruhigt kann sie nur weiterkochen, wenn diese Frage irgendwann klar beantwortet wird, was zugleich das Ende dieser Unterbrechergeschichte ist.

Vergessen Sie also den Song von Cat Stevens lieber oder ändern Sie den Titel in: »The first and last cuts are the deepest.«

Übungen

- Bücher lesen, Musik hören, Filme anschauen und auf Einzelheiten sowie Themen achten, deren wirkliche Bedeutung sich erst am Ende erschließt.
- Beim Recherchieren nach Material und Details suchen, die sich für den Anfang oder Schluss Ihrer Geschichte eignen.
- Überlegen Sie beim Einkaufen, wie Sie Ein- und Ausgänge von Geschäften verändern würden.
- Treten Sie als Nachrichtensprecher auf und konzentrieren Sie sich dabei auf Anfang und Schluss.
- Verfassen Sie ein anderes Ende zu Ihrem Lieblingsbuch oder -film.
- Lesen Sie den Beginn von Robert Musils Monumentalroman »Der Mann ohne Eigenschaften« und anderer Werke der Weltliteratur.
- Schlüpfen Sie in die Rolle eines Reiseführers und heißen Sie die neuen Gäste am Traumziel willkommen. Und was sagen Sie ihnen zum Abschied?
- Rätseln Sie mit Spielen wie »Black Stories« aus dem Moses Verlag mit, was der Hintergrund einer Geschichte sein könnte, nachdem Sie deren Schluss erfahren haben.

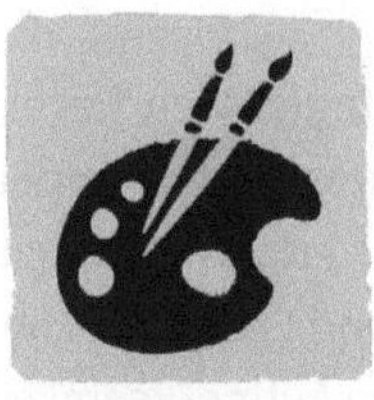	**Werkzeugkasten** • Legen Sie sich eine eigene Sammlung von Zitaten an, die am Anfang oder Ende einer Geschichte stehen könnten. • Die Beiträge zum internationalen Wettbewerb »Der schönste erste Satz«, gesammelt im gleichnamigen Buch vom Hueber Verlag. • Plattformen im Internet mit den schönsten ersten und besten letzten Sätzen.
	**Stolpersteine** • Zu Beginn zu viel und am Ende zu wenig verraten. • Das Publikum wie eine Schulklasse behandeln. • Das Ei des Kolumbus allzu schnell finden wollen. • Unnötige Zusammenfassungen schreiben.

Mit der Vorstellung des Doppelelements »Anfang und Ende« sind wir nicht nur am Schluss von Kapitel 3, sondern auch des Hauptteils dieses Crashkurses angelangt. Als bewährtes Hilfsmittel für die Konzeption und Analyse einer Geschichte ist der Story-Check ein idealer Begleiter, wenn Sie künftig Ihre Informationen so verpacken wollen, dass diese von Ihrem Publikum freiwillig aufgenommen, gespeichert und hoffentlich weitererzählt werden.

Bleiben noch die Fragen offen, wo Sie Geschichten zum Andocken finden (Kapitel 4) und welche Besonderheiten die verschiedenen Einsatzorte für Storytelling haben (Kapitel 5). Doch bevor Sie mögliche Antworten erfahren, möchte ich im folgenden Exkurs noch auf die Funktion von Archetypen im Storytelling zu sprechen kommen.

Exkurs: Mit Archetypen arbeiten

Sind Sie eher der fürsorgliche Helfer oder der kämpferische Krieger? Trifft die Figur des Schöpfers Ihre Persönlichkeit am besten oder ist es die vom Narren? Zur Auswahl stünden noch Herrscher, Weise, Abenteurer, Kumpel, Rebell, Träumer, Liebender und Magier. Sollten Sie diese Fragen schon einmal beantwortet haben, wissen Sie vielleicht auch, dass der Schweizer Psychiater C. G. Jung mit solchen Archetypen arbeitete. Heute sind es neben Psychotherapeuten, Coaches und Seminarleiter auch Werbe- und Marketingfachleute sowie Drehbuchautoren. Dieses breite Interesse lässt vermuten, dass diese Typisierungen nützlich sind, um Urformen menschlichen Handels auszumachen. Und weil dieses Wissen bei der Suche nach geeigneten Helden, Helfern und Feinden ebenfalls hilft, stelle ich Ihnen die Archetypen, mit denen ich arbeite, kurz vor. In Aktion zu sehen sind sie im Film »Der Flug des Phönix«, weshalb ich diesen Klassiker in den Werkzeugkasten aufgenommen habe und je nach Zeitbudget in Workshops zeige.

Archetyp	Eigenschaften	Beschreibung	Ziel/Motivation	Risiko	Beispiele
Kind	unschuldig, neugierig, liebend, witzig, naiv, ehrlich	Träumer, Utopist	Treue, Vertrauen, Zuversicht, Optimismus	Angst vor Strafe, Verleumdung und Verlassen werden; Abhängigkeit, Blauäugigkeit, harmoniebedürftig	Forrest Gump Der kleine Prinz Lolita Jar Jar Binks (Star Wars) Tiny Tim (Dickens)
Krieger Kämpfer	charismatisch hartnäckig	will Leistung, sucht Konfrontation	Welt verbessern	Übermut, Stolz, Schwäche, überall Feinde sehen, nicht verlieren können	Terminator Achill Der Gladiator Jeanne d'Arc Winnetou, Thor
Rebell	unabhängig, bricht Regeln	Außenseiter, Rächer, Revoluzzer	Absolute Freiheit, auf eigene Stärken bauen	Kriminalität, Ineffizienz, Vereinnahmung, Bösartigkeit, zu viele Opfer bringen	Che Guevara James Dean Spartacus Robin Hood
Kumpel	treu, stabil, verlässlich	Herr Jedermann, schweigende Mehrheit	Dazugehören, Authentizität, Kontakt haben, beliebt sein	Mitläufer, Opferrolle, abgelehnt werden	Sancho Pansa Markus Lanz Otto Normalverbraucher
Liebhaber Liebender	treu, selbstlos	sucht und gibt Geborgenheit, attraktiv Eros	Sinnliches Erleben, Intimität, Genuss	Angst vor Einsamkeit und Ablehnung, Gefallsucht	Romeo und Julia George Clooney Isis Helena

Archetyp	Eigenschaften	Beschreibung	Ziel/Motivation	Risiko	Beispiele
Narr	verspielt, unterhaltsam, ehrlich, verrückt	genießt den Moment, unterhält seine Umwelt	Leichtigkeit, Spaß, Spiel	das Leben zu leicht nehmen, fehlende Überzeugungskraft, Angst vor Langeweile	Charlie Chaplin Sam Hawkins Stefan Raab Till Eulenspiegel
Magier	visionär, optimistisch, verspielt	Meister des Wandels	Träume erfüllen, Transformation	Manipulation, Angst, an der Realität zu zerbrechen	Merlin Medizinmann Alchemist
Schöpfer	frei, kreativ, unabhängig	Erneuerer, Künstler	Mittelmaß vermeiden, Vision umsetzen	Realitätsverlust, zum Außenseiter werden	Mozart Da Vinci Steve Jobs White (Breaking Bad)
Beschützer Fürsorger	selbstlos, treu, großzügig, gütig	Altruist, Betreuer, Mitgefühl, Weisheit	Menschen unterstützen, Hingabe, Liebe	Undank, Martyrium, Vereinnahmung	Mutter Teresa Lady Di Cersei (Game of Thrones)
Herrscher	mächtig, kontrollierend	übernimmt Verantwortung, bestimmt Spielregeln	Erfolg, Reichtum, Macht, Harmonie	Chaos, Tyrannei, Selbstbereicherung, Manipulation	Mark Zuckerberg Cäsar dominantes Elternteil
Weise	gerecht, intelligent, verständig	Meister, Mentor, Denker, Gebildeter	Welt verstehen, Wahrheiten erkennen, lehren	sich in Theorien verfangen, Ignorante verurteilen	Obi Wan Kenobi Albus Dumbledore Oliver Twist
Entdecker	neugierig, einzigartig, risikofreudig	Nonkonformist, Pilger, Suchender	Unabhängigkeit, Freiheit, Ehrgeiz	Ziellosigkeit, Irrweg, Konformität, innere Leere	Columbus Indiana Jones Antoine de Saint-Exupéry

Kräfte zu wecken, die im kulturellen, individuellen und kollektiven Unbewussten schlummern, gehört für jeden Geschichtenerzähler zu den Pflichtaufgaben. Eine der vielen Möglichkeiten, die Ihnen dazu zur Verfügung stehen, ist das gekonnte Spiel mit Archetypen. Wie Sie diese benennen und wie viele Sie Ihrem Werkzeugkasten beifügen wollen, ist Ihnen überlassen. Aber es gilt, was ich bereits in Kapitel 3.1 zu den Urthemen und Plots gesagt habe: Das menschliche Gehirn schränkt die Zahl der Mustervorlagen ein, nach denen es Informationen bei deren Eintreffen fürs Erste ordnet.

Die Archetypologie in diesem Crashkurs ist lediglich ein Vorschlag. Und wenn er Sie zum Entwurf einer eigenen Version ermuntert, wäre dies ganz im Sinne des Crashkursleiters. Denn eine Theorie so anzupassen, dass sie mit persönlichen Erfahrungen übereinstimmt, ist ohnehin die beste Form der Wissensaneignung. Widerstehen Sie einfach der Versuchung, mehr als fünfzehn Archetypen zu benennen. Bei den Beispielen hingegen können Sie so viele hinzufügen, wie Sie wollen.

Bedenken Sie auch, dass archetypische Verhaltensweisen in Reinkultur selten bis nie vorkommen und sich im Laufe eines Lebens verändern können. Aber Figuren oder Dinge dürfen sich nicht zufällig in einen anderen Archetypus verwandeln. Welche Situation oder Lebensphase dazu führt, müssen Sie dem Publikum in nachvollziehbarer Weise mitteilen.

Übungen

- Suchen Sie weitere Beispiele zu den einzelnen Archetypen.
- Ordnen Sie die zwölf Archetypen den folgenden vier Koordinaten zu: Stabilität und Kontrolle, Wandel und Meisterschaft, Unabhängigkeit und Individualität, Bindung und Glück.
- Überlegen Sie, welcher Archetyp heute am besten zur Situation Ihrer Kunden passt.
- Versuchen Sie, einen passenden Archetyp für sich und drei Ihnen nahestehende Menschen zu finden.
- Suchen Sie im Internet nach anderen Zusammenstellungen von Archetypen und erstellen Sie allenfalls Ihre ganz persönliche Typologie.

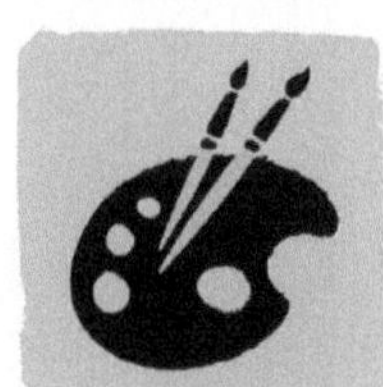

Werkzeugkasten

- Die im Crashkurs vorgestellten Archetypen.
- Illustrationen zu den verschiedenen Archetypen, entweder zu eigenen oder zu solchen, die Sie im Internet gefunden haben.
- Die Bücher von Carol. S. Pearson (siehe Literaturverzeichnis).
- Animationsfilme und Walt Disney-Comics.

Stolpersteine

- Nuancen zu stark gewichten und sich deshalb nicht entscheiden können.
- Nicht daran denken, dass jeder Archetyp positive und negative Seiten hat.
- Eigene Vorlieben und Abwehrhaltungen zu sehr berücksichtigen.

4 Fundorte für gute Geschichten

Zu nachtschlafender Stunde schlurfte ich während meiner Probezeit als Copywriter ins Büro des Creative Directors, um meinen Text endlich absegnen zu lassen. Und da mich seine Reaktion bis heute prägt, gebe ich sie im gefühlten Wortlaut wieder: »Kein Zufall, dass sich ›neu‹ auf ›Abscheu‹ reimt. Obwohl du bereits 32 Jahre auf dem Buckel hast, verhältst du dich beim Geschichtenerfinden offenbar wie ein Pubertierender. Denn statt eine bereits bewährte Mustervorlage gekonnt zu variieren, versuchst du auf Teufel komm raus, deinem Publikum ein Fuchs'sches Original zu verklickern. Dabei solltest du als Germanist wissen, dass jede gute Geschichte schon einmal erzählt wurde.« Ähnliche Worte gebrauche ich heute, wenn ich flaue oder missglückte Dialoge von Moderatoren kommentiere. Und ich verweise sie auf die eingeführte Regel:

> Lieber dem Alten neues Leben einhauchen, statt dein Publikum für originelle Experimente zu missbrauchen.

Um Ihnen diese Regel noch schmackhafter zu machen, erhalten Sie im Folgenden einige Hinweise, wo bewegende Geschichten zum Variieren zu finden sind. Und wie immer gilt: Jede Aufzählung lässt sich nach Belieben ergänzen und nach eigenen Prioritäten umschichten.

4.1 Bei jedem Fund zu beachten

Eine Geschichte darüber zu hören, wie ein gebrochenes Herz oder Akne behandelt wird, hat für Teenager mehr Gewicht als eine Story über Essgewohnheiten der Innu auf der Halbinsel Labrador. Aus ethischer Sicht mag die Geringschätzung vieler ernsthafter Probleme, tragischer Schicksale oder fremder Alltagsgeschichten störend sein. Aber was unser Unbewusstes für wesentlich hält, entscheidet kein Ethikrat sondern die Trinität der evolutionären Ziele. Zumindest in der ersten Phase der Wahrnehmung geht es immer um die Frage »Was hat die Botschaft mit mir zu tun?«. Neudeutsch hat sich dafür der Begriff »Relevanz« eingebürgert. Aber wie messen wir Bedeutsamkeit, wenn unsere eigenen Lebensgeschichten, Prägungen oder Vorlieben das Resultat nicht allzu sehr beeinflussen sollen? Die Antwort liefert uns eine Eigenart neuronaler Datenverarbeitung. Denn um eine schnelle erste Bewertung vornehmen zu können, schätzt das menschliche Gehirn die Entfernung zwischen dem Selbst und einem Objekt oder einem Erlebnis. Und das macht es simultan auf vier Ebenen. Es misst die soziale, räumliche und zeitliche Distanz (vgl. Abb. 7) sowie die Wahrscheinlichkeit des Eintreffens (vgl. Abb. 8). Und wenn ihm die direkte Erfahrung fehlt, beruft sich das Unbewusste auf bekannte mentale Modelle. Mit dieser bewährten Vorgehensweise sind Konflikte mit der politischen Korrektheit natürlich vorprogrammiert.

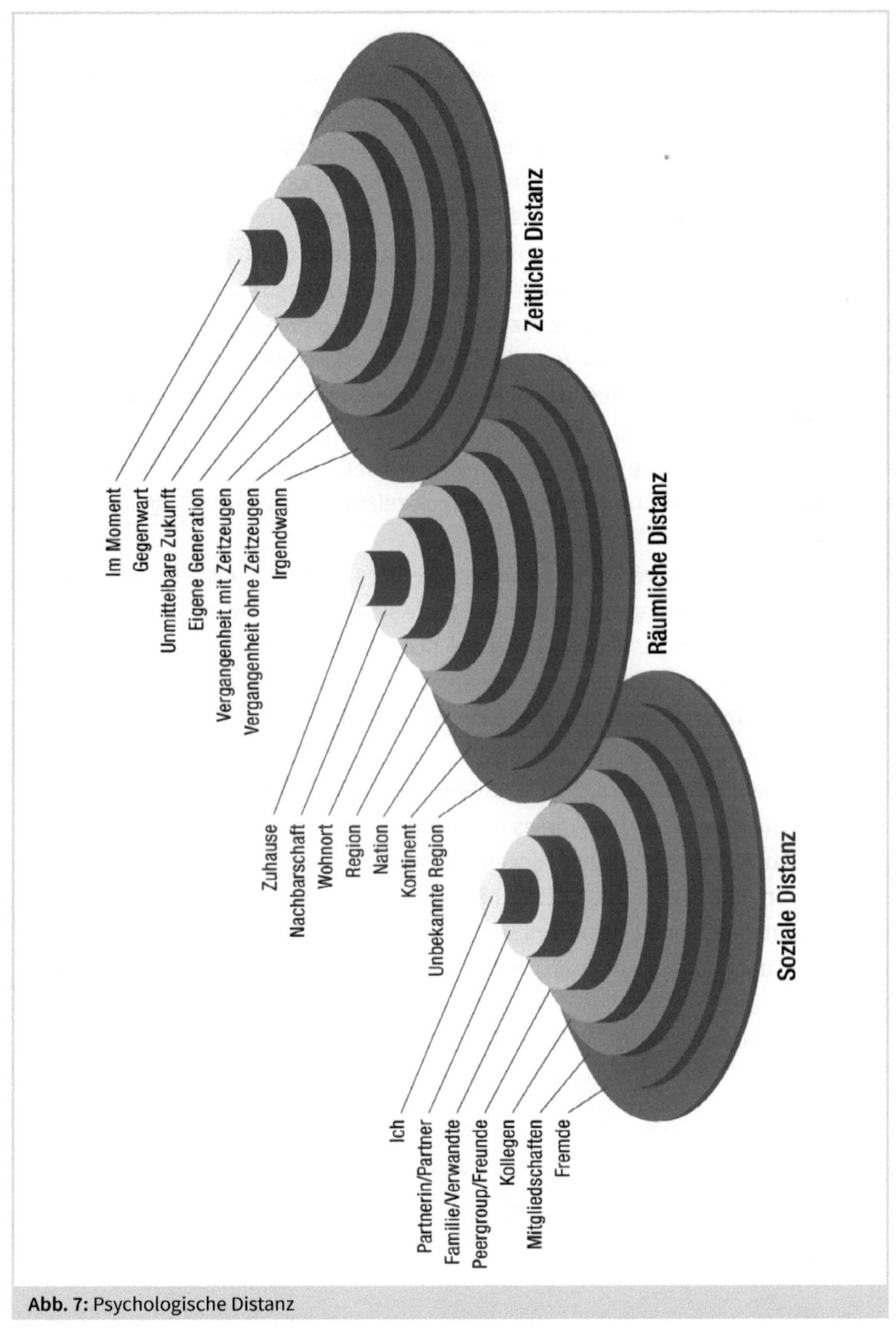

Abb. 7: Psychologische Distanz

Verschiedene Wissenschaftsrichtungen beschäftigen sich schon seit Langem mit dem Phänomen der psychologischen Distanz. Neu ist nur, dass sich durch Beobachtung vermutete Einflüsse auf die Bewertung von Informationen experimentell sowie durch die Auswertung von Algorithmen belegen lassen. Ein Grund mehr, beim Erfinden und Finden guter Geschichten solche emotionalen Marker ebenfalls zu berücksichtigen. Zumal eine große psychologische Distanz den Abstraktionsgrad erhöht und damit weniger Emotionen weckt. Die Dinge von oben zu betrachten und mit langfristigen Zielen in Einklang zu bringen, führt bei der Entscheidungsfindung zwar oft zu besseren Resultaten, ist für das Storytelling jedoch nur bedingt empfehlenswert. Geschichten aus der sozialen, räumlichen oder zeitlichen Fremde sind nämlich nur dann interessant, wenn sie auf ein Selbst treffen, das sich im Wahrgenommenen ganz konkret in irgendeiner Form wiedererkennt. Und sie müssen einen Nutzen versprechen oder erahnen lassen, der das neuronale Belohnungssystem aktiviert. Je mehr wir uns von den Zentren entfernen, desto wichtiger werden Andockstellen, Kulissen und Requisiten.

Geniale Geschichtenerzähler wie Steven Spielberg, George Lucas, Stanley Kubrick oder Andrew Stanton weisen uns den Weg, wie sich das Fremde mit unserer eigenen Biografie verbinden lässt. Denn auch bei Science-Fiction-Storys gehen sie davon aus, dass sie ihrem Publikum Antworten auf die Fragen »Wer bin ich?« »Wer ist der andere?« und »Wo ist mein Platz in dieser Welt?« geben müssen.

Die Wahrscheinlichkeitsdistanz ist eine hypothetische Entfernung. Sie gibt Auskunft über die Häufigkeit eines Ereignisses. Der Nobelpreisträger Daniel Kahneman hat mit seinem allzu früh verstorbenen Kollegen Amos Tversky nachgewiesen, dass wir die Bedeutung von Ereignissen und Sachverhalten auch danach beurteilen, wie oft wir von ihnen gehört haben und wie präsent sie uns sind. Welche Faktoren die mentale Verfügbarkeit und damit das Interesse an einer Geschichte beeinflussen, zeigt die Abbildung 8.

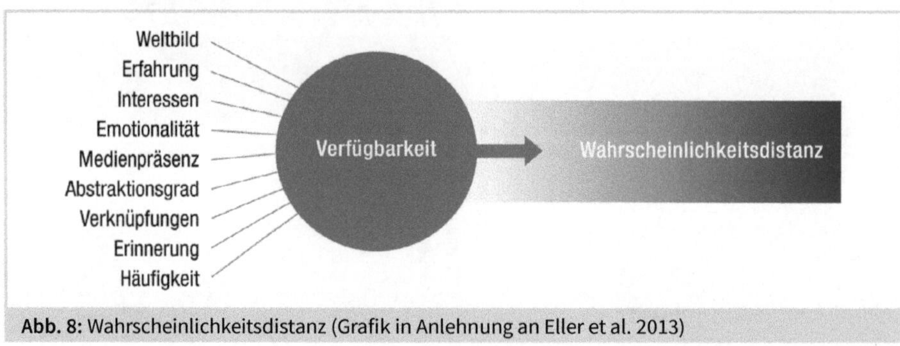

Abb. 8: Wahrscheinlichkeitsdistanz (Grafik in Anlehnung an Eller et al. 2013)

4.2 Lebenslauf – die eigene Biografie als Bibliothek

Grundsätzlich gilt ja, dass es eine beschränkte Zahl von Urthemen gibt, die sich beliebig variieren lassen. Da Kerngeschichten der Fortpflanzung, der Anpassung und dem Überleben dienen, ist die Wahrscheinlichkeit groß, dass unsere eigenen Storys Allgemeincharakter haben. Und da sich das Gehirn ohnehin jede Geschichte so zurechtlegt, wie es für seinen Träger stimmt, können wir selbst fremde Geschichten als unsere eigenen ausgeben – und umgekehrt.

Gute Geschichtenerzähler benutzen ihre eigene Biografie als Bibliothek, in der sich Erlebnisse finden, die auch für andere von Bedeutung sind. In der Praxis bedeutet dies: In Tagebüchern und Mutters Chroniken schnüffeln, alte Liebesbriefe und Poesiealben hervorkramen, Schulerlebnisse aufwärmen, Ferienabenteuer ausschmücken, Jugendstreiche überzeichnen, Höhen und Tiefen der eigenen Biografie Revue passieren lassen, vergessene Rivalitäten in Erinnerung rufen, prägende Orte und Gebäude aufsuchen oder die Mark Zuckerberg überlassene Chronologie des eigenen Lebens durchforsten.

4.3 Alltag – die Geschichten liegen auf der Straße

In der Regel müssen wir nicht bis zu den Fidschi-Inseln fliegen, um den evolutionären Zielen der Reproduktion, Anpassung und des Überlebens gerecht zu werden. Unser Gehirn ist darauf programmiert, seine Wahrscheinlichkeitsrechnungen im Alltag durchzuführen. Denn dieser ist das Umfeld, in dem wir uns am häufigsten aufhalten. Gute Geschichtenerzähler sind immer auch gute Beobachter. Sie setzen sich in Straßencafés und auf Barhocker, suchen schräge Partys und Jahresversammlungen von Trachten- und anderen Vereinen auf, nehmen trotz Vorbehalten an Familienfeiern teil, sind Flaneure und Voyeure, registrieren Aufwach- und Einschlafrituale, blicken in Schaufenster und Spiegel, halten scheinbar Normales für Außergewöhnliches. Denn sie wissen, dass die Realität phantasievoller ist als die Phantasie. Die Geschichten liegen auf der Straße, wenn wir mit offenen Augen durch die Welt gehen. Und wie beliebt Geschichten aus dem Alltag sind, zeigt die Befragung einer großen Plattform für Partnersuche. Denn auf die Frage, worüber sie sich beim ersten Date am liebsten unterhalten, meinten die meisten: Anekdoten aus dem Alltag. Noch vor »Träume und Visionen«.

Entgegen landläufiger Meinung lässt sich die Kunst des Beobachtens üben. Das beginnt mit einem Gang um den Häuserblock, mit gesenktem Blick oder die Augen gegen die Dachzinnen gerichtet. Und hat man danach nicht mindesten drei mögliche Kurzgeschichten entdeckt, muss eben weitergeübt werden.

4.4 Tipps für die Suche nach Geschichten im Internet

Zuerst solche Quellen aufzusuchen, die am meisten sprudeln und nie versiegen, ist strategisch sicher nicht falsch. Allerdings ist Google weder ein Hüter der Wahrheit, noch ordnet die beliebteste Suchmaschine ihre präsentierten Geschichten nach unserem System. Als erste Anlaufstelle mag Google durchaus nützliche Dienste leisten. Aber sich allein dem amerikanischen Riesen anzuvertrauen, birgt auch die Gefahr, in der Informationsflut unterzugehen. Da sich diesem Problem inzwischen zahlreiche Autoren angenommen haben, kann ich mich in diesem Crashkurs auf wenige Tipps beschränken. Sie lauten:

- Ordner für Urthemen und Masterplots anlegen und diese so benennen, wie es Ihrem persönlichen Suchmodus am besten entspricht.
- Mit Social-Bookmark-Seiten arbeiten.
- Zwei oder mehr Begriffe eingeben und die merkwürdigsten Ergebnisse weiterverfolgen.
- Foren, Boards und Groups aufsuchen, die sich einem bestimmten Themengebiet widmen.
- Gezielt Newsletter abonnieren und dabei kleinen Organisationen und Vereinen im Zweifelsfall den Vorzug lassen.
- Im Netz nach Gebrauchsanweisungen Ausschau halten, wie Entdeckungsreisen auf Pinterest erfolgreicher werden. Für gezielte Suchanfragen ist diese Plattform allerdings nicht konzipiert.
- Seine Fremdsprachenkenntnisse einsetzen und nach Geschichten suchen, die nicht in der eigenen Muttersprache erzählt werden.
- Bei Suchanfragen auch auf die Funktion »Bilder« klicken.
- Gelegentlich ganz ohne ein bestimmtes Ziel von Website zu Website springen und sich treiben lassen.

Gut abgegrast sind in der Literatur zu Recherchen im Internet auch die Gebiete, auf denen sich Blogger zu Hause fühlen. Daher beschränke ich mich auf den banalen

Hinweis, dass Sie bei diesen Geschichtenerzählern natürlich ebenfalls fündig werden, um eine bewährte Story so zu variieren, dass sie zu Ihrer eigenen wird.

4.5 Printmedien und Fernsehen

Hätten Schriftsteller wie Heinrich von Kleist das digitale Zeitalter noch erlebt, würden sie selbstverständlich ebenfalls im Internet nach guten Geschichten suchen. Aber man müsste sie bestimmt nicht dazu auffordern, auf die Lektüre von Zeitungen und Zeitschriften zu verzichten. Vor allem nicht auf solche, die sich dem Boulevard-Journalismus oder dem lokalen Geschehen widmen.

Obwohl selbst regionale Zeitungen mit Kleinstauflagen inzwischen einen Online-Auftritt haben, empfehle ich Geschichtenerzählern die »alten Medien«, also Printprodukte. Denn der Scheinwerferkegel unserer Aufmerksamkeit ändert seine Richtung, wenn wir Geschichtensammlungen physisch vor uns haben. Im Internet lassen wir uns eher vom Suchmodus steuern, der vom Online-Redakteur für richtig befunden wird.

Zu den alten Medien zähle ich auch das Fernsehen. Doch so ergiebig diese Quelle auch ist, so gewichtig ihr größter Nachteil. Geschichten im TV zu verfolgen, braucht Zeit. Das ist einer der vielen Gründe, weshalb ich diesen Repräsentanten des modernen Lagerfeuers aus meiner Wohnung verbannt habe. Und weil dies bereits vor einigen Jahren geschah, kann ich an dieser Stelle behaupten, dass Sie auch ohne diesen Zeitfresser genügend gute Geschichten finden. Zumal es Programmzeitschriften wie das »Arte Magazin« gibt, die Ihnen gute Geschichten sogar gekonnt zusammenfassen.

4.6 Exotische Fundorte – Fachzeitschriften und Abizeitungen

Massenblätter lesen alle. Aber wer liest schon den »Metzgermeister« außer den Metzgern? Zählt man die wissenschaftlichen Publikationen dazu, gibt es in Deutschland über 5.000 Zeitschriften, von denen die wenigsten eine hohe Auflage erreichen. Aber in allen Fachzeitschriften geht es letztlich um die gleichen Fragen. Daher finden wir auch in »Petri Heil!« oder in »Der Kriminaler« Geschichten für die eigene Weiterverwendung. Warum keine Story über UFOs, pränatale Musikerlebnisse oder harte Kämpfe gegen Dickmaulrüssler?

Abiturzeitungen oder Maturazeitschriften, wie sie in der Schweiz genannt werden, sind allein schon deshalb ein interessanter Fundort, weil sie das Element »Prägungsstärke Pubertät« in sich tragen. Seltsamerweise gibt es meines Wissens noch immer keine Plattform, auf der sie einsehbar sind und von auch Außenstehenden gekauft werden können. Dadurch gewinnt meine Sammlung an Wert und das Prädikat »exotisch« bleibt gewahrt.

Wenn Sie sich an die einfache Definition vom Medium als Vermittlungsträger von Informationen halten, werden Sie bestimmt weitere Quellen entdecken, bei deren Besuch Sie nicht in der letzten Reihe anstehen müssen.

4.7 Schwarze Bretter und Pinnwände

Kleinanzeigen, Kontaktaufrufe oder Vermisstenmeldungen haben den Weg ins Internet inzwischen zwar ebenfalls gefunden. Trotzdem lasse ich es mir nicht nehmen, die schwarzen Bretter in Supermärkten, Bildungsinstituten, Mensen und Hauseingängen zu studieren. Denn wer seine Botschaft einer Pinnwand anvertraut, will keine theoretischen Abhandlungen verbreiten, sondern ein persönliches Problem lösen. Und gerade weil sich schwarze Bretter dem Regulationszwang weitgehend entzogen haben, stoßen wir dort oft auf Geschichten, die das Leben schrieb.

Wenn Sie auf Ämtern, in Bibliotheken, Eventhallen, Sportstätten, Imbissbuden, Drittweltläden, Toiletten oder an Bushalte- und Tankstellen warten müssen, vertreibt das Lesen von schwarzen Brettern nicht nur die Langeweile, sondern im besten Fall auch den Schreibstau.

4.8 Leserbriefe – Quelle von engagierten Zeitgenossen

Kein Wunder, dass bekannte englische Comedians noch immer aufmerksam die Leserbriefe in den Printmedien lesen. Denn weil sie um den Aufwand einer solchen Aktion wissen, schreiben sie Leserbriefen eine erhöhte Bedeutung zu als schnell hingeworfenen Kommentaren im Netz. Sich daran zu erinnern ist auch für die Internetgeneration wichtig.

»Die Zeit« jede Woche geflissentlich durchzulesen, schaffe ich nicht. Aber für die Lektüre der Leserbriefe reicht das Zeitbudget allemal. Denn aus Rückmeldungen erfahre ich auch, ob ein Held mehrheitsfähig war, der Feind richtig in Stellung gebracht wurde, das angesprochene Problem allgemein Menschliches betrifft und wie die Fortsetzung einer Geschichte lauten könnte. Und weil viele Leserbriefschreiber schon Freude haben, ihren Namen gedruckt zu sehen, erzählen sie auch neue Geschichten.

Die Schnittmenge zwischen Leserbriefen und Kommentaren im Netz ist zwar groß, aber nicht deckungsgleich. Denn die Kommentarfunktion auf vielen Plattformen zieht wegen seiner einfachen Nutzung und Anonymität auch Geschichtenerzähler an, deren Stimmen wir sonst selten hören. Die Lektüre von Kommentaren auf Plattformen ohne Gatekeeper tue ich mir allerdings nicht an.

4.9 Lektüre von Witzsammlungen

Seit Sigmund Freud wissen wir, dass Witze auch die Funktion haben, Unangenehmes, Unverständliches und Unerhörtes zu verarbeiten. Diese Kurzgeschichten bietet also viel Stoff für eigene Varianten, die sich beliebig ausschmücken lassen. Zudem haben bekannte Witze das Gütesiegel »weitererzählt« bereits aufgedruckt.

Die Quelle »Witze« für eigene Geschichten anzuzapfen, lohnt sich aber auch aus einem weiteren Grund. Während der Lektüre von Witzsammlungen wird Ihr Unbewusstes ganz nebenbei daran erinnert, wie wichtig Einfachheit, Verdichtung und Dramaturgie sind. Zudem punkten gute Witze auch in den Kategorien »Verblüffende Vergleiche«, »Scharfe Beobachtung« und »Pointe«.

Das bald hundertjährige amerikanische Magazin »The New Yorker« hat seinen Erfolg nicht allein den spannenden Kurzstorys und klugen Essays zu verdanken, sondern auch den illustrierten Witzen. Der Abreißkalender mit den täglichen Kostproben guter Bildergeschichten ist jedenfalls ein ideales Geschenk für Storyteller mit durchschnittlichen Englischkenntnissen.

4.10 Messen – Markthallen für Geschichten

Der Besuch von Messen gehört zum Pflichtprogramm eines guten Geschichtenerzählers. Allerdings gehen die Profis auch auf Gesamtschauen von Produkten und Dienstleistungen, mit denen sie sonst nichts am Hut haben. Denn das Interessante findet ja nicht im Zentrum, sondern an den Rändern statt. Das trifft auch oft auf Sport- oder Musikveranstaltungen zu.

Als ich es 2015 endlich schaffte, eine Weltausstellung persönlich zu erleben, kam ich von Mailand mit einem gefüllten Notizbuch nach Hause. Nicht zuletzt deshalb, weil ich von einem Schweizer Parlamentarier den Auftrag erhielt, den Pavillon meines Heimatlandes nach Story-Check-Kriterien zu beurteilen. Das Resultat war katastrophal. Wesentlich besser schnitten die Ausstellungskonzepte Deutschlands, Israels und der Vereinigten Arabischen Emirate ab. Denn in diesen Pavillons wurden die Besucher nicht zwangspädagogisiert, sondern durften eine oder mehrere Geschichten erleben, die ihnen das Wesentliche sinnlich erzählten.

Aber die Quelle »Messe« sprudelt nicht nur auf globalen Schauen, sondern überall. Wenn Sie mit offenen Augen und dem Story-Check im Hinterkopf durch solche Geschichtenmarkthallen schlendern, werden Sie bestimmt einige Seiten Ihres Notizbuches füllen. Wie viele das bei mir sind, merkte ich erst 2020, zumal die meisten Events ja ebenfalls ausfielen.

In normalen Zeiten sind Besuche von Events sehr ergiebig. Allerdings dürfen Sie damit rechnen, mehr von Negativbeispielen zu lernen als von Mustervorlagen. Denn viele Eventmanager sind noch immer der Meinung, der Mix aus Unterhaltung, Licht, Ton, Standardkulissen und eingestreuten Promis ergebe automatisch eine gute Geschichte. Aber wenn Sie auf gelungene Details und Einzelepisoden achten, kann sich sogar der Besuch von Durchschnittsveranstaltungen lohnen.

4.11 Suche nach Mustervorlagen in Bestenlisten

Ein Spitzenplatz in einem Verkaufsranking sagt natürlich nichts darüber aus, ob eine Geschichte den vage definierten Ansprüchen von Berufskritikern genügt. Auf dem Treppchen zu stehen, lässt nur den Schluss zu, dass die Geschichte so vielen Menschen gefällt, dass diese den verlangten Preis bezahlen, um sie lesen, sehen oder hören zu dürfen. Und da dies auch das Ziel von diesem Crashkurs für Storytelling ist, sollten Sie gelegentlich einen Blick auf die Bestenlisten werfen. Wenn das bei Bücher-Rankings bereits zu Ihren Gewohnheiten gehört, dürften Sie auch auf den Namen der Autorin gestoßen sein, von der in den Ausführungen zum Masterplot »Rivalität« die Rede ist.

Wenn Sie sich eine Zeit lang mit Bestenlisten beschäftigen, entwickeln Sie automatisch ein Gespür für die Trennung von Weizen und Spreu. Esoterisch Angehauchtes und Ratgeberliteratur sind nur selten brauchbare Mustervorlagen, deren Begutachtung Sie im Storytelling weiterbringen.

Mein Platz ist unter anderem in Buchhandlungen, wo ich die Trefferquote von Bestenlisten überprüfe, mich aber auch von guten Titeln angezogen fühle und mein Notizbuch mit gelungenen Sätzen des Klappentexters fülle. Und da ich mich auch mit Visual Storytelling beschäftige, zücke ich manchmal mein Smartphone, um ein Cover in meine Sammlung aufzunehmen. Übrigens: Das meist verkaufte Buch der Welt ist noch immer die Bibel. Und »Der kleine Prinz« von Antoine de Saint-Exupéry belegt immerhin den 34. Platz. Knapp vor Johanna Spyris »Heidi«.

4.12 Studien – Quelle für unterhaltsame und absurde Geschichten

Forscher der Universität Bristol fanden in einer Studie heraus, dass langbeinige Frauen ein medizinisch besseres Herz haben. Ein Plus von 4,30 cm mehr Bein verringert das Herzinfarktrisiko um 16 Prozent. – Eine Studie mit 171 Probandinnen ergab, dass Frauen mit ausreichend Schlaf nicht nur mehr, sondern auch besseren Sex haben. – Forscher der Yale University, die zwölf Jahre lang das Leben von 3.635 Männern und Frauen begleiteten, fanden heraus, dass Lesen das Leben verlängert.

Voilà. Die Absolvierung dieses Crashkurses macht Sie also nicht nur zu besseren Geschichtenerzählern, sondern sorgt offenbar auch dafür, dass Sie diese Kunst länger ausüben können. Studien sind eine unversiegbare Quelle für humorige, absurde und unterhaltsame Geschichten. Und weil das auch der ehemalige Metzger, Jurastudent und Entertainer Stefan Raab weiß, schaut er bei dieser Quelle regelmäßig vorbei.

Von diesem erfolgreichen Storyteller können wir zudem lernen, dass das Durchforsten von Webseiten und populärwissenschaftlichen Publikationen niemanden dazu verpflichtet, über Gefundenes berichten zu müssen. Da die Lektüre von Studien assoziatives Denken in Gang setzt, können wir diese Quelle auch nur dafür nutzen, auf eigene Geschichten zu kommen.

4.13 Statistiken – Verführung zu neuen Geschichten

Ein Ehepaar spricht durchschnittlich 15 Minuten miteinander, davon 10 im Bett. – 20 Prozent der Weltbevölkerung glaubt, dass auf der Erde Außerirdische leben. – 97 Prozent der Frauen schließen beim Küssen die Augen, während es bei den Männern nur 30 Prozent sind. – 10,5 Prozent der Frauen besitzen eine Kettensäge und 94 Prozent freuen sich über einen Blumenstrauß.

Jede wissenschaftliche Studie enthält auch Statistiken, aber nicht jede Statistik ist eine Studie. Daher widme ich der Quelle »Zahlenmaterial« einen eigenen Abschnitt. Zumal diese nun wirklich alles enthält, was in einem Menschenleben vorkommt. Das fälschlicherweise Winston Churchill zugeschriebene Zitat »Traue keiner Statistik, die du nicht selbst gefälscht hast« hat sich im kollektiven Gedächtnis eingebrannt. Daher ist Ihr Publikum bestens darauf vorbereitet, keine Wahrheiten zu erfahren, wenn der Held Ihrer Geschichte eine Prozentzahl ist. Ironisch umgedeutet hat dies Marcel Reich-Ranicki mit seiner Äußerung: »Mit Statistik lässt sich alles beweisen, sogar die Wahrheit. Also bin ich für Statistik.«

»Bei 70 Prozent aller deutschen Großstädter konnte das Unkrautvernichtungsmittel Glyphosat im Urin nachgewiesen werden.« Falls Sie diese Meldung zu Geschichten verführt, in der es um Grenzwerte, Stichproben, Angstmacherei, Schrebergärten, Paracelsus oder Adventskalender geht, dann haben Sie Sinn und Zweck solcher Quellen verstanden. Sie haben oft die Funktion eines Zufallsgenerators, der uns aus gewohnten Denkbahnen reißt und dadurch zu einer neuen Geschichte führt.

4.14 Zitate als Ideenlieferanten

Zu den ergiebigsten Fundstellen von Geschichten gehören Zitatensammlungen. Allerdings sollten Sie diese eher als Ideenlieferanten und nicht als Steilvorlagen für einen gelungenen Einstieg in Ihre Geschichte gebrauchen. Denn weil in jedem Rhetorikkurs gelehrt wird, dass Menschen Zitate mögen, sind die bekanntesten alle schon mehrmals verwendet worden. Ich habe mir deshalb eine eigene Sammlung aufgebaut, in die ich Sätze aufnehme, die mir bei der Lektüre von Publikationen jeglicher Art ins Auge fallen. Und wenn ich vor deren Verwendung google und keinen Treffer erziele, fühle ich mich erneut bestätigt, dass ein Notizbuch zum wichtigsten Werkzeug eines Geschichtenerzählers gehört.

Da es in diesem Kapitel um die Frage geht, wo und wie Sie Geschichten finden, kann ich auf Fragen des Urheberrechts verzichten. Zumal die Antworten so vertrackt sind, dass sie mehrere Seiten füllen würden. Ein Zitat in unserem Sinne ist eine Kurzgeschichte, die wir aufnehmen und so verändern können, dass sie wieder zu einem Original wird. Meinen eher saloppen Umgang mit Zitaten legitimere ich mit dem Schweizer Schriftstellers Ludwig Hohl, der mir einmal sagte: »Wenn ich den Gedanken eines anderen Menschen nochmals neu denke, ist es auch mein eigener Gedanke.« Und seit ich das Autoren ebenfalls zubillige, die ohne Quellenangabe aus meinen Büchern zitieren, kann ich Plagiate sogar als Kompliment auffassen. Zumindest kann ich diese Dreistigkeit so rationalisieren.

4.15 Bilder, Fotografien und Kinderbücher

Am Anfang war das Bild. Die Mimik vor der Sprache, die Zeichnung vor der Schrift und der Mythos vor der Ratio. Von der Schrift ins zweite Glied verdrängt, kam es erst wieder auf die Überholspur, als es sich leicht reproduzieren und digitalisieren ließ. Und weil Bilder, Fotografien und Illustrationen letztlich nichts anderes als eingefrorene Geschichten sind, können wir sie als Quellen für eigene Geschichten nutzen.

Wenn ich im Internet nach Ideen surfe, klicke ich inzwischen zuerst auf »Bilder«. Denn die Suchalgorithmen sind zum Glück noch nicht so ausgeklügelt, dass sie nur die gängigen Assoziationsketten zeigen. Und froh bin ich auch darüber, dass meine Kinderbuchsammlung sämtliche Wohnortwechsel überlebt hat. Sie aufbewahrt zu haben, hat es schon oft erleichtert, dem Element »Prägungsstärke« gerecht zu werden. Schließlich gehört es zu den Aufgaben von Kinderbuchautoren, selbst Abstraktes und Erwachsenenthemen altersgerecht aufzuarbeiten.

Das Bildwörterbuch aus dem Duden Verlag, Kinderlexika, Zeigebücher, Reihen wie »Was ist Was« und natürlich Bildbände aller Art sind nie versiegende Quellen für Ideen.

4.16 Meinungsumfragen – Blitzlichter des allgemein Menschlichen

Auf die wöchentliche Kundenzeitschrift eines Schweizer Detailhändlers würde ich sofort verzichten, wenn die Rubrik »Umfrage« einem Redesign zum Opfer fiele. Denn die laut Kleingedrucktem repräsentativen Meinungsumfragen sind eine wunderbare Quelle für Geschichten. Wie weit war Ihr Schulweg in der Grundschule? Auf welchen Komfort beim Auto möchten Sie auf keinen Fall verzichten? Was verbinden Sie am ehesten mit dem Begriff Wellness? Wie feiern Sie den Valentinstag? Würde es Ihnen gefallen, wenn die Schweiz einen König oder eine Königin hätte? Die 92 Prozent Nein-Sager werden dann interessant, wenn ich eine Geschichte über das Eidgenössische Schwingfest oder den 6. Januar schreiben muss. Denn offenbar gibt es selbst in unserer Alpenrepublik Krönungen, die mehrheitsfähig sind.

Meinungsumfragen geben zwar nicht immer wieder, was die Menschen wirklich denken und tun. Aber sie erzählen von alltäglichen Dingen, Sehnsüchten, Ängsten und Entscheidungsschwierigkeiten. Daher sammle ich solche Blitzlichter des allgemein Menschlichen und spinne daraus Geschichten mit anderen Helden und Bösewichten. Aber auch die werden besser, wenn ich zuerst den Masterplot suche, der die Szenen zusammenhält.

5 Einsatzorte für Geschichten und ihre Besonderheiten

Mein neapolitanischer Freund Vittorio hat sich nie die Frage gestellt, wo er die Kunst des Geschichtenerzählens einsetzen soll und darf. Denn für ihn war es selbstverständlich, dass er die Menschen nur so erreichen konnte, was immer er ihnen auch mitteilen wollte. Wenn aber alle Erdenbürger Geschichten mögen, dann können wir getrost davon ausgehen, dass sich Storytelling überall einsetzen lässt. Oder in der Marketingsprache formuliert: An jedem Touchpoint. Also an jeder Kontaktstelle, an der jemand mit einer Idee, einem Unternehmen, einem Produkt oder einer Dienstleistung in Berührung kommt. Aber weil das *Wie?* in diesem Crashkurs wichtiger ist als das *Wo?*, will ich ihn nicht mit einer vollständigen Übersicht aller Anwendungsgebiete beenden. Für sinnvoller halte ich es, Sie in verkürzter Form auf einige Besonderheiten verschiedener Einsatzorte hinzuweisen.

5.1 Drehbuch und Film

Der hohe finanzielle Einsatz beim Verfilmen von Geschichten bringt es mit sich, dass sich Drehbuchautoren schon lange mit Storytelling beschäftigen, ihr Handwerk an Filmhochschulen studieren und ihre Nasen in eigens für sie verfasste Publikationen stecken können. Für sie ist dieser Crashkurs als Ergänzung gedacht, die weitere Sichtweisen ermöglichen soll und laut Rückmeldungen offenbar auch kann. Für andere Einsatzorte lernen wir von den Drehbuchautoren Folgendes:

- Dialoge sind komprimierte, sparsam eingesetzte Hinweise, wie die Figuren und deren Handlungen zu deuten sind. Sie haben immer eine Richtung und einen Zweck, sind dynamisch wie Alltagsgespräche, aber präziser und inhaltsreicher.
- Geschichten mit einer dramaturgischen Struktur werden leichter aufgenommen und verstanden.
- Effekthascherei kommt weniger gut an als seriöse Handwerkskunst.
- Figuren mit archetypischen Charakteren vermitteln allgemein menschliche Erfahrungen.
- Die letzte Fassung einer Geschichte muss so ausgereift sein, dass die Versuchung für Außenstehende klein ist, an ihr herumzupfuschen.
- Sind mehrere Geschichtenerzähler am Werk, braucht es zwingend ein System, das kopierbar ist und Varianten zulässt. Ohne ein gemeinsames Dach sind gute Serien nicht möglich.

5.2 Social Media und digitales Erzählen

Was soll man zu Social Media und Storytelling sagen, wenn uns Google beim Eingeben dieses Begriffspaars schon nach 0,42 Sekunden mit 18 Millionen Ergebnissen überflutet? Am besten nichts, dachte ich bis zur Aktualisierung der vierten Auflage von »Warum das Gehirn Geschichten liebt«. Aber vorwiegend drei Gründe waren es, die mich zum Aufgeben meiner Trotzhaltung brachten. Erstens: Die Einsicht, dass sich Fragen durch schlichtes Ignorieren nicht einfach in Luft auflösen. Zweitens: Die vielen nutzlosen und falschen Tipps in Ratgebern, Blogs oder Foren. Drittens: Das Durcheinandertal, in dem Buzzwords landen und ohne Begriffsklärung nicht mehr hinausfinden. Meine Besichtigungstour des Einsatzortes »Social Media« wird allerdings Teilnehmer nur bedingt befriedigen. Sie dürfen jedenfalls nicht darauf hoffen, ich würde jedes Detail beleuchten, angetroffene Figuren nach Helden und Feinden einordnen oder das ultimative Rezept zum Social-Media-Star liefern.

Wer den kurzen Ausflug ins Social-Media-Reich trotzdem mitmacht, wird nach seiner Rückkehr immerhin eine Ahnung davon haben, welche Besonderheiten es zu beachten gilt, was nur vermeintlich neu ist und wie er den Story-Check als Orientierungshilfe einsetzen kann. Um unaufgeregt starten zu können, hilft der Gedanke, dass Social-Media-Netzwerke einfach die digitalisierte Form von Beziehungen sind, die es offline schon lange gibt.

Besonderheiten der Social-Media-Welt

- Große Anbieter digitaler Netzwerke gewichten die Beziehungen mithilfe von Algorithmen. Da diese sagenumwobenen Schlüssel zum Eintritt in den Raum der Aufmerksamkeit häufig geändert werden, gibt es über deren genaue Form lediglich Mutmaßungen.
- Digitale Interaktionen lassen sich messen, auswerten und gezielt nutzen.
- Interaktionen sind wichtiger als Impressions und Reichweite.
- Welche Informationspakete als relevant gelten, entscheiden primär numerische, also quantitative Kriterien. Das heißt: Mehr von Ähnlichem hat mehr Erfolg als mehr Abwechslung.
- Die Funktionsweise der Suchmaschinen hat Einfluss auf Formen und Inhalte von Geschichten.
- Digitale Bühnen ermuntern zum Experimentieren mit neuen Erzählformen, wobei noch offen ist, welche sich durchsetzen werden.

- Weil bei digitalen Formaten oft viele Autoren beteiligt sind, werden einfach vermittelbare Regeln für gute Geschichten noch wichtiger.
- Die neuen Medien vereinfachen Konzeption und Verbreitung von Bildergeschichten.
- Da reale Menschen mehr Vertrauen genießen als Informanten ohne Gesicht, wird das Glaubwürdigkeitsproblem häufig durch die Masse gelöst. Was viele für richtig halten, kann nicht falsch sein.

Gemeinsamkeiten im analogen und digitalen Raum

- Da die Grundmechanismen neuronaler Datenverarbeitung noch immer die gleichen sind wie vor dem digitalen Zeitalter, hat sich an den Regeln einer guten Geschichte nichts geändert.
- Die Entscheidung, ob wir einer Geschichte unsere Aufmerksamkeit schenken, wird vorwiegend von den unbewusst arbeitenden Hirnarealen gefällt.
- Emotionen werden über die Identifikation mit handelnden Figuren geweckt.
- Lineare Erzählweisen werden dem Wunsch nach Einfachheit eher gerecht.
- Erwartungen und Wünsche des Publikums beeinflussen die Interpretation von Botschaften und Geschichten.
- Menschen schreiben Geschichten, die in Varianten wiederholt werden, eher Bedeutsamkeit zu.
- Bilder erhalten mehr Aufmerksamkeit als Texte.
- Geschichten über den eigenen Stamm stoßen auf größeres Interesse als solche, zu denen Ihr Publikum keinen Bezug hat.
- Da der Wunsch nach Antworten auf die drei Fragen *Wer bin ich? Wer ist der andere? Wo ist mein Platz in dieser Welt?* evolutionär verankert ist, sollten ihn Geschichtenerzähler sowohl analog als auch digital erfüllen.

Social Media und Story-Check mit neuem Element

Alles erzählt eine Geschichte. Von dieser Annahme geht dieser Crashkurs aus. Daher könnte die Lektüre auch für Leser interessant sein, die Inhalte über Snapchat verbreiten, die erzwungene Kürze von Twitter schätzen, vom Tellerwäscher zum Influencer-Millionär aufsteigen wollen, ihr Leben dem Archiv von Herrn Zuckerberg vermachen, Pinterest schwarzen Brettern vorziehen oder Tumblr nicht in der Waschküche verorten.

Betrachten wir Social Media einfach als eigenständige Bühne für den Austausch von Geschichten, spricht alles dafür, den Story-Check dort ebenfalls anwenden zu können. Zumal es ja keine festen Regeln zur Gewichtung, Reihenfolge und Benennung der einzelnen Elemente gibt. Und falls Sie die folgenden Bemerkungen zu einigen Checkpunkten vor unnötigen Fehlern bewahren oder Geniestreiche verstärken, ist das Ziel erreicht. Doch beginnen wir gleich mit dem neuen Element.

Interaktion

Eine Zauberformel wurde auch für den Social-Media-Erfolg bislang nicht entdeckt. Doch die Buchstabenfolge »Interaktion« kommt dem Gesuchten sehr nahe. Denn soziale Netzwerke funktionieren über Beziehungen. Nicht dass es diese im Offline-Leben nicht gibt, aber online werden sie noch heftiger erwartet. Zudem spielen Stärke und Häufigkeit von Kontakten eine wesentliche Rolle für das Ranking von Geschichten in Social-Media-Netzwerken. Obwohl sich Mark Zuckerberg mit Informationen zu Facebook-Algorithmen vornehm zurückhält, gab er in einem berühmt gewordenen Satz doch einmal bekannt, was Interaktion fördern kann. Er sagte nämlich: »A squirrel dying in front of your house may be more relevant to your interests right now than people dying in Africa.« Wofür das Eichhörnchen steht und welche Konsequenzen daraus zu ziehen sind, ist zu Beginn von Kapitel 4 und in Abb. 7 nachzulesen. Doch letztlich geht es beim Zusatzelement »Interaktion« einfach darum, sich vermehrt zu fragen, wie Dialoge zwischen Unternehmen und Kunden und Mitgliedern eines identifizierbaren Netzwerks in Gang gesetzt werden können.

Die Frage *What's the story?* beantworten

Von Big-Data-Analysen wissen wir, dass der Geduldsfaden in der digitalen Welt noch schneller reißt, wenn man die User im Unklaren lässt, worum es in einer Geschichte eigentlich geht. Beim Schaffen der gewünschten Klarheit kann die Sichtung möglicher Plots und Urthemen wertvolle Dienste leisten. Und sei es nur den, sich auf ein einziges Thema zu beschränken und das Publikum nicht mit einem Potpourri interessanter Botschaften zu verwirren.

Gemeinsame Erinnerungen wecken

Erfolgreiche Instagrammer und Influencer haben nicht nur die Wirkungskraft der Bilder verstanden, sondern auch das Element »Prägungsstärke«. Daher posten sie gelegentlich auch Fotografien aus ihrer Kindheit oder Pubertät. Oder setzen sich vor Kulissen in Pose, die an Geschichten erinnern, die sie mit ihren Followern verbinden. Und dazu gehören ganz normale Ersterlebnisse eher als Promipartys auf einer Milliardärs-Jacht oder fröhliches Zutrinken im Blitzlichtgewitter.

Richtiges Einordnen beschleunigen

Im Netz entscheidet das Publikum noch schneller, ob es der offerierten Geschichte seine Aufmerksamkeit schenken soll. Und das wird eher der Fall sein, wenn es sich in einer Figur oder Thematik wiedererkennt. Doch weil das Publikum für diesen Suchprozess nur wenig Zeit investieren möchte, sollten wir ihm möglichst früh nützliche Hinweise geben, also Andockstellen liefern. Zur Erinnerung: Weil alle guten Geschichten schon einmal erzählt wurden, sind sie in irgendeiner Version im kollektiven Gedächtnis abgespeichert. Informationspakete, die Botschaften »Sieht aus wie …« oder »Erinnert mich an …« schaffen Vertrauen. Und Vertrauen ist immer eine Abkürzung, weil es Analysen des Bewusstseins umgehen kann. Daher können starke Andockstellen sogar Schwächen einer Geschichte ausbügeln.

Um Kurzfassungen kämpfen

Gute Überschriften für die eigene Geschichte zu finden, ist auf der Social-Media-Bühne noch wichtiger als in der analogen Welt. Das belegen sämtliche Analysen, die uns Big-Data-Spezialisten liefern. Deutet ein Titel auf Denkarbeit statt auf einen Instant-Gewinn hin, überträgt das Unbewusste diese Einschätzung unter Zeitdruck auch auf die Geschichte. Dem Drängen von Suchmaschinenoptimierern, in Überschriften auch möglichst alle Keywords unterzubringen, sollten wir auf jeden Fall nicht nachgeben. Denn was nützt es, wenn eine Geschichte gefunden, aber nicht aufgenommen wird?

Einen Helden bestimmen

Der Glaube, ein Held müsse menschlicher Natur sein, ist bei Aufenthalten im Netz noch hinderlicher als in der analogen Welt. Denn er kann Geschichtenerzähler davon abhalten, diesem Element die gebührende Aufmerksamkeit zu schenken. Aber die ist unabdingbar, wenn wir davon ausgehen, dass sich unser Gehirn nur für Geschichten interessiert, in denen eine Aufgabe gelöst, eine Frage beantwortet werden muss. Und sei es auch »nur« die bekannte Frage »Wo ist mein Platz in dieser Welt?« Haben Sie Ihre Heldenfigur im stillen Kämmerlein definiert, ordnen Sie ihm noch ein paar Adjektive zu, bevor Sie ihn dem Publikum präsentieren. Denn es will wissen, von welcher Schönheit, Kreativität, Kraft, Originalität, Leidenschaft, Sexualität, Hartnäckigkeit die Rede ist. Zudem schützt die Wahl eines Helden davor, das Publikum zu überfordern.

Persönliche Feinde verabschieden

Kulturpessimisten unterliegen dem Irrtum, der Drang zum permanenten Kommentieren sei eine neue Erscheinung. Aber dem ist natürlich nicht so. Neu ist nur, dass sich Stammtisch- und Selbstgespräche ins Internet verlagert haben und dort ein größeres Publikum finden. Die Masse solcher »Geschichten« verleitet allerdings zur Annahme, persönliche Feindbilder würden auf ein breites Interesse stoßen. Doch wer nicht in den Niederungen von Shitstorms oder Allerweltskommentaren verkümmern will, gestaltet die Feinde seiner Geschichten. Er setzt sie in Opposition zum gewählten Helden und positioniert sie als Projektionsflächen, auf denen sich die unterschiedlichsten Menschen wiedererkennen können.

Die KISS-Regel beachten

Was angeblich einem amerikanischen Ingenieur bei der Entwicklung von Spionageflugzeugen wichtig war, sollte beim Erfinden von Social-Media-Geschichten ebenfalls beherzigt werden. Denn wer dem Prinzip »Keep it simple and stupid« folgt, meißelt an seinem Gebilde alles wieder weg, was nicht zwingend notwendig ist. Einfachheit gehört im digitalen Informationszeitalter zu den Wettbewerbsvorteilen schlechthin. Zumal es ja nicht verboten ist, Fortsetzungsgeschichten zu schreiben, wenn die erste Fassung zu einem lauten Echo geführt hat.

Sich auch um Details kümmern

Mein Studienjob als Platzanweiser in einem Kino brachte es mit sich, dass ich auch B-Movies mehrmals sah. Daher fielen mir Details auf, die dem Publikum mit Eintrittskarte sicher entgingen. Doch mit den heutigen Hightech-Geräten der Hirnforscher könnte man locker beweisen, dass unser Unbewusstes die Uhr am Handgelenk eines Indianers registriert. Wäre dem nicht so, erhielten Influencer auch keine Belohnung, wenn sie dies oder jenes tragen. Die passende Kulisse zu finden, gehört zu den Pflichtaufgaben eines Geschichtenerzählers. Doch bei der Kür erhält nur Höchstnoten, wer auch auf die Details achtet und die richtigen Requisiten aus dem Schrank holt.

Gekonnt loslegen und ausklingen lassen

Haben Sie das Publikum dank verführerischem Titel in Ihre Aufführung gelockt, dürfen Sie es nicht mit austauschbaren Ouvertüren langweilen. Egal wie lang Ihre Geschichte ist, die ersten Sätze oder Bilder müssen sitzen. Und wenn Sie Ihren Lesern oder Zuschauern gleich zu Beginn vermitteln können, dass aktive Teilnahme am Geschehen sogar erwünscht ist, schöpfen Sie die Möglichkeiten der Netzwelt wahrscheinlich besser aus als andere. Eine Geschichte stimmig enden zu lassen, ist natürlich auch bei den neuen Medien wichtig. Aber weil Studien über das Nutzerverhalten gezeigt haben, dass viele Konsumenten nicht mehr die Geduld aufbringen, einen Artikel bis zum letzten Satz zu lesen, sollten Sie wesentliche Botschaften oder sogar ein Fazit vorwegnehmen.

Meine Besichtigungstour des Einsatzortes »Social Media« endet für die Teilnehmer mit einem Happy End. Denn es beruhigt, beim Geschichtenerfinden für die Netzwerkwelt nicht gleich alles Gelernte über Bord werfen zu müssen. Stressmildernd könnte auch der Befund wirken, dass man im Netz ebenfalls nicht überall aktiv sein muss. Nur wer gelegentlich Nein sagen kann, erhält den Freiraum und die Zeit, um bewährte Regeln für gute Geschichten anzuwenden.

5.3 Podcast als »neues« Format

Nach dem Abschied vom »Tri-Tra-Trallala-Alter« fütterte ich den neuen Rekorder noch mit Winnetou-Kassetten, um dann mit den Stones, Dylan und den Beach Boys Richtung Pubertät aufzubrechen. Ich bin also kein Podcast-Native. Aber ich habe mein implizites Gedächtnis zum Sprechen gebracht und weiß deshalb, welche überzeitlichen Regeln eine gute Geschichte berücksichtigt. Und weil dieser Crashkurs letztlich auf der Erkenntnis beruht, dass alle existenziellen Geschichten schon einmal erzählt wurden, gehe ich im Folgenden lediglich darauf ein, was dies für das Medium »Podcast« bedeutet. Um Fragen zur Technik, Produktion, Vermarktung, Finanzierung und Erfolgskontrolle kümmern sich Podcast-Helden und andere Autoren.

Die Beliebtheit von Podcasts nimmt so rasant zu, dass Zahlen zu deren Verbreitung schon bei der Veröffentlichung überholt sind. Für meine Überlegungen sind Wachstumskurven ohnehin irrelevant, solange sie für Konkurrenzdruck sorgen. Wer gehört, gestreamt, weitergegeben werden will, muss vor allem gute Geschichten erzählen. Daher gehört ein kleiner Exkurs über Besonderheiten dieses scheinbar neuen Medienformats in diesen Crashkurs. Zumal der Begriff Podcast sehr vage definiert ist und auditive Formate an allen Einsatzorten für Geschichten eine wichtige Rolle übernehmen können. In sich abgeschlossene Podcasts erleichtern nicht nur den Einstieg neuer Hörer, sondern eignen sich für viele Inhalte sogar besser als Fortsetzungsgeschichten. Und sollen mehrere Podcasts miteinander verknüpft werden, kann das geistige Band auch der Absender, der Erzähler oder ein wiederkehrendes Element sein. Nachrichten, Comedy, Veranstaltungshinweise, Reportagen oder andere Inhalte können nämlich, frei nach dem Wochenmagazin »Stern«, auch ein abgeschlossener Roman in Kurzform sein.

Für mich liegt der Reiz einer Podcast-Produktion darin, eine längere Geschichte so zu gliedern, dass sie den Charakter einer guten Serie erhält und an die Aufgabe von Schahrasad aus Tausendundeine Nacht erinnert. Das Schwergewicht der folgenden Ausführungen liegt daher auf Podcasts, die mehrere Episoden haben und regelmäßig erscheinen.

Einfach, einfacher, am einfachsten

Um etwas Abwechslung in den Alltag zu bringen, brachte ich meinem Vater fünf CDs mit den rätselhaftesten Fällen von Kommissar Maigret ins Altersheim. Denn als ehemaliger Dorfpolizist liebte er seinen Pariser Kollegen mit der Melone und der Pfeife. Doch obwohl Georges Simenon einfache Formulierungen bevorzugte und die Sprecher ihre Aufgabe hervorragend erledigten, war meine Idee kein Volltreffer. Warum dem so war, beschreibt Doris Hammerschmidt in »Das Podcast-Buch« mit dem wunderbaren Satz »Ohren können nicht zurückblättern.« Mein Vater verlor oft den Zusammenhang, wenn sein Gehirn ungebräuchliche Wörter übersetzen musste, Übergänge und Pausen nicht klar waren, lange nicht erwähnte Personen plötzlich wieder auftauchten, rhetorische Fragen oder ironische Äußerungen seine Aufmerksamkeit beanspruchten oder zu viele Motive im Spiel waren. Zumal die Vor- und Rückwärtstasten des Players nicht auf die klobigen Finger eines ehemaligen Bäckers ausgelegt waren. Aber obwohl die heutigen Interfaces benutzerfreundlicher sind, wäre es ein Irrtum zu glauben, im digitalen Zeitalter habe das Publikum großen Spaß am Spulen. Kurz: Mein wichtigster Tipp für Podcaster lautet: Wählen Sie im Zweifelsfall die einfachere Variante. Auch weil Multitasking nicht funktioniert.

Serien schaffen Bindung

Den Teilnehmenden eines Workshops die wichtigsten Ergebnisse mit einem Podcast in Erinnerung zu rufen, ist eine nette Idee. Aber der Gewinn strebt gegen Null, wenn es sich um eine einmalige Aufführung einer einzigen Episode handelt. Diese Behauptung lässt sich mit repräsentativen Daten gut stützen. Daher durfte ich für die Sales-Abteilung eines großen Chemieunternehmens das Skript für einen mehrteiligen Podcast schreiben. Meine Erfahrungen bei diesem Unterfangen lauten verallgemeinert und als Tipps formuliert:

- Verfassen Sie mithilfe des Story-Checks einen Redaktionsplan, inkl. Metathema.
- Räumen Sie der Suche nach einem einprägsamen, kurzen Titel höchste Priorität ein.
- Gestalten Sie die einzelnen Episoden einer Podcast-Staffel möglichst immer gleich lang.
- Haben Sie beim Festlegen der Durchschnittslänge Ihre wichtigste Zielgruppe vor Augen.

- Denken Sie beim Schreiben auch daran, wo und wann Ihr Publikum zuhört.
- Wiederholen Sie die Kernbotschaften in jeder Episode und in leicht erkennbaren Varianten.
- Schenken Sie dem Element »Anfang und Ende« ganz besondere Beachtung.
- Rufen Sie sich in Erinnerung, dass Führung ein Gefühl von Sicherheit und Verlässlichkeit gibt.
- Schauen Sie sich Ihre Lieblingsserie mindestens zwei Mal an.

Interviews gehören zu den beliebtesten Podcast-Formaten. Vielleicht weil so viele meinen, anderen Menschen Fragen zu stellen sei einfach. Aber man muss kein Talkshow-Junkie sein, um zu erkennen, dass dem nicht so ist. Doch den Weg zum Meister zu befolgen, hilft auch hier. Und zu den unbestrittenen Meistern gehörte der im Januar 2021 verstorbene Larry King. Auf die Frage, was in die Werkzeugkiste eines guten Interviewers gehört, antwortete er: »Leidenschaft, Humor, Festhalten an Macken und die Fähigkeit, zu erklären, was man tut.«

5.4 Verkauf und Vertrieb

»Entweder hast du viel Geld, gute Beziehungen, Kraft und Brutalität, ›Furbezza‹, eine starke Gruppe, Glück oder du bist ein guter Geschichtenerzähler. Andernfalls gehst du in San Giorgio a Cremano unweigerlich unter.« Diese Einschätzung meines Freundes Vittorio mag übertrieben sein, beschreibt aber hinreichend, warum Vittorio zum genialen Verkäufer wurde. Er eroberte sich seinen Platz im Vorort von Neapel, indem er in der Kunst des Geschichtenerzählens zu den Besten gehörte.

Verkauf und Vertrieb sind die Einsatzorte für Storytelling schlechthin. Daher ist bestimmt im falschen Beruf, wer glaubt, Menschen würden ihre Entscheidungen aufgrund von Zahlen und Fakten fällen.

Obwohl viele Starverkäufer ihrer Intuition mehr vertrauen als Ratschlägen von Trainern, würden sie folgenden Tipps für andere Einsatzorte von Storytelling bestimmt zustimmen:

- Eine gute Geschichte soll nicht nur verführen, sondern auch Elemente enthalten, die das Verführtwerden legitimieren.
- Jede Beeinflussung einer Entscheidung ist Verkauf.

- Weil nicht jede Geschichte zu jedem passt, muss abgewogen werden, welche die richtige ist.
- Emotionen lassen sich am einfachsten mit einer Geschichte wecken.
- Jeder Beruf macht mehr Spaß, wenn ich ihn mit Storytelling verbinde.

5.5 Lehre und Lernen

Achten Sie beim nächsten Klassentreffen darauf, von welchen Lehrern am häufigsten die Rede ist. Mit großer Wahrscheinlichkeit sind es nicht die schönsten, klügsten oder liebsten, sondern die besten Geschichtenerzähler. Doch obwohl Lehrende diesen Erfahrungsschatz teilen, hat Storytelling in der Bildungswelt noch immer einen schlechten Ruf. Daran konnten leider auch die Publikationen von Richard P. Feynman nichts ändern. Obwohl ihm 1965 der Nobelpreis für Physik zugesprochen wurde und seine Lehrbücher noch heute im Umlauf sind. Aus seinem unterhaltsamen Buch »Surely You're Joking, Mr. Feynman« können wir folgende Erkenntnisse für unseren Crashkurs übernehmen:

- Weil das menschliche Gedächtnis keine Bibliothek, sondern ein dynamischer Speicher neuronaler Daten ist, können wir mit geeigneten Geschichten gewünschte Assoziationsketten knüpfen.
- Die traditionellen Lernmodelle beruhen auf der Illusion, Bedeutungen würden vom Bewusstsein konstruiert.
- Geschichten rufen Vorkenntnisse ab, schaffen Andockstellen für Neues und schaffen Atmosphäre.
- Auch Geschichten enthalten Fakten und vermitteln Wahrheiten.

5.6 Forschung und Wissenschaft

Wissenschaftlern Storytelling schmackhaft zu machen, war ein Kampf gegen Windmühlen, bevor man nur wenig über die neuronale Datenverarbeitung wusste. Aber seit wir dem Gehirn beim Arbeiten zuschauen können, hat sich der Widerstand merklich gelegt. Zumal inzwischen Storytelling lediglich als Teilaspekt der Wissenschaftskommunikation und als Metapher für gewisse Arbeitsprinzipien des Gehirns gesehen wird. Zur größeren Akzeptanz trug sicher bei, dass Wissenschaftler ihre Forschungsarbeiten zunehmend verkaufen müssen, was in ihrem gewohnten Jargon nur schlecht gelingt. Den muss ohnehin zwingend ändern, wer in einem Science

Slam zu den Gewinnern gehören will. Und obwohl diese populären Kurzvortragsturniere in der Wissenschaftswelt nur Nischencharakter haben, können sie ansteckend wirken.

»Wissenschaft kommunizieren« von Carsten Könneker ist eines der wenigen deutschsprachigen Bücher über zeitgemäße Kommunikation in Forschung und Wissenschaft. Auch wenn der Autor einen großen Bogen um den Begriff Storytelling macht, könnte er sich mit dem Story-Check bestimmt ebenfalls anfreunden. Auch für nicht wissenschaftliche Anwendungsgebiete gilt jedenfalls:

- Wie ein Geschichtenerzähler gegenüber welchen Zielgruppen über welche Medien kommuniziert, ist eine Frage der Persönlichkeit.
- Langfristig ist gutes Storytelling karriererelevant.
- Komplexe Informationen in Geschichten zu verpacken, ist erlernbares Handwerk.
- Aufmerksamkeit ist die wichtigste Währung in der Kommunikation.

5.7 Journalismus und Medien

»Wir sind keine Märchenonkel, sondern Journalisten.« Mit dieser Richtigstellung schmetterte ein Professor für Medienwissenschaften den Wunsch einer Studentin ab, mehr über Storytelling zu erfahren. Diese Haltung zu Geschichten ist zwar nicht repräsentativ, aber ausgerechnet in der Medienwelt keine Seltenheit. Das bestätigt auch eine Sichtung gängiger Handbücher für Journalisten. Selbst in einem mehrfach aufgelegten Lehrbuch für das Texten im Internet fehlt Storytelling im umfangreichen Register. Aber das wird sich in den nächsten Jahren bestimmt ändern.

Von Ausbildungsinstituten und Publikationen für Medienschaffende können natürlich auch Geschichtenerzähler etwas lernen, die auf anderen Gebieten unterwegs sind. Zum Beispiel:

- Storyteller sind Beobachter.
- Erzähler sollten einen Standpunkt haben.
- Die Verantwortung für eine Geschichte trägt ihr Erzähler.
- Wenn Fakten eingebunden werden, müssen diese überprüft werden.
- Das Layout, das redaktionelle Umfeld und selbst Werbeanzeigen beeinflussen die Deutung einer Geschichte.

5.8 Marketing und Werbung

Gäbe es Tondokumente von babylonischen Händlern und Ausrufern auf dem Marktplatz von Pompeji, würden hier die entsprechenden Links stehen. Denn solche Mitschnitte wären ein weiterer Beleg, dass sich erfolgreiche Verführer an überzeitliche Prinzipien halten. Die Geschichte der Werbung zeigt vor allem eines: Je mehr das Angebot die Nachfrage übersteigt, desto eher nehmen Geschichten den Platz von Fakten ein. Daher begannen Werber mit den Träumen der Menschen zu spielen, lange bevor Jacques Séguéla den Wunsch äußerte: »Sagt meiner Mutter nicht, dass ich in der Werbung arbeite – sie glaubt, ich sei Bordellpianist.« Und der französische Werbepapst war es auch, der mich Ende der 1980er-Jahre dazu motivierte, nach dem gemeinsamen Nenner guter Geschichten zu suchen. Denn letztlich ist Séguélas Star-Strategie nichts anderes als ein Modell für Verführung durch Storys.

Berufsverführer hätten Ihnen natürlich unzählige Zusatzlektionen zu bieten. Aber da sie die Elemente des Story-Checks vielleicht lediglich anders benennen und gewichten würden, beschränke ich mich auf folgende Hinweise:

- Manipulation ist weder negativ noch positiv, sondern wie Meyers Enzyklopädische Lexikon 1975 festhält: »Beeinflussung von Menschen durch Menschen.«
- Selbst der liebe Gott hat es nötig, dass für ihn die Glocken geläutet werden.
- Die Hölle ist nicht die Wiederholung, sondern eine schlechte Geschichte.
- Qualität ist nie peinlich.

5.9 Branding und Identity

Wer bin ich? Wer ist der andere? Wo ist mein Platz in dieser Welt? Auf diese drei existenziellen Fragen sind Sie im Laufe dieses Crashkurses einige Male gestoßen. Daher ist es nur logisch, dass sich Markenmanager ebenfalls mit Storytelling beschäftigen. Zumal ihnen Klaus Birkigt mit seinem Buch »Corporate Identity. Grundlagen, Funktionen, Fallbeispiele« bereits 1980 eine Steilvorlage geliefert hat. Und obwohl seine Einsichten lange Zeit kaum oder nur linkisch angenommen wurden, hat sich Storytelling inzwischen im Corporate Branding und in der Markenführung durchgesetzt. Dementsprechend angeschwollen ist die Fachliteratur, was Ihnen an dieser Stelle weitere Ausführungen erspart.

Von diesem Einsatzgebiet können Sie für Ihre Anwendung von Storytelling die folgenden Erkenntnisse übernehmen:

- Mit Geschichten lassen sich nicht nur Inhalte, sondern auch Werte vermitteln.
- Was ein Unternehmen seinen Kunden und der Öffentlichkeit erzählt, sollte sich nicht allzu sehr von Geschichten unterscheiden, die Mitarbeitende erzählen und den Führungskräften zugeschrieben werden.
- Je authentischer die Geschichte, desto sympathischer ihr Erzähler.
- Wenn Sie Ihre eigene Geschichte nicht erzählen, erzählt sie jemand anders.
- Da Unternehmen als Persönlichkeit wahrgenommen werden, gilt auch beim Branding: Identität ist die Summe aller Geschichten.

5.10 Gestaltung und Visual Storytelling

Wer den Aufruf »Destroy PowerPoint!« zum ersten Mal startete, lässt sich heute nicht mehr nachvollziehen. Aber dass ihm überhaupt Folge geleistet wird, ist nicht zuletzt dem Storytelling zu verdanken. Denn eine Mischung aus Kuchen- und Balkendiagrammen, Bullets, Bildern allgemein zugänglicher Datenbanken und eingestreuten Zitaten ist selbst für zwangsdelegierte Zuschauer kein Genuss. Sie taugen höchstens für eine Aufnahme in Sammlungen von wirren Grafiken.

Zu wesentlichen Verbesserungen kam es erst, als sich Gestalter mit Drehbüchern beschäftigten, die Gesetze der Wahrnehmungspsychologie mit denen neuronaler Datenverarbeitung verglichen und das Erzählen in Bildern als erlernbare Kunst auffassten. Von diesen aufgeklärten Gestaltern können Erzähler inzwischen ebenfalls viel lernen. Unter anderem:

- Eine Geschichte, die uns ein Geheimnis enthüllt, wirkt wie eine Befreiung, löst Anspannung und hebt die Stimmung.
- Die Tricks, mit denen das Sinnfällige wahrnehmbar und erlebbar wird, lassen sich erlernen.
- Um Blicke zu fesseln, muss auch die Gestaltung eine Geschichte erzählen.
- Durch systematisches Klassifizieren von Mustervorlagen ergibt sich eine Art Grammatik.
- Vor dem Verstand sitzt das Auge.

Nachspann

Geschichten dienen dem Überleben. Wenn Sie diese Behauptung nicht mehr maßlos übertrieben finden, sind Sie bereits auf dem Weg zum Meister im Storytelling. Denn die Sichtweise, dass der Unterhaltungscharakter einer guten Geschichte lediglich ein angenehmes Nebenprodukt ist, macht den Blick frei für das Wesentliche. Und das besteht darin, mit seinen Anliegen in der Informationsflut nicht unterzugehen, sondern wahrgenommen zu werden.

Das wiederum wird bestimmt eher der Fall sein, wenn Ihre Geschichte Ihr Gegenüber an Themen erinnert, die überzeitlichen Charakter haben und mögliche Antworten auf die drei großen Fragen »Wer bin ich?« – »Wer ist andere?« – »Wo ist mein Platz in dieser Welt?« liefern. Denn im übertragenen Sinn geht es auch ums Überleben, wenn wir unsere Stellung halten, wachsen und Anpassungen vornehmen müssen.

Das mag bei der Suche nach einer Geschichte für Jubiläumsfeiern, Schnäppchenangebote oder Blitzeransagen merkwürdig klingen, ändert aber nichts daran, dass die Grundregeln guter Geschichten immer dieselben sind. Auch wenn sie im Internet verbreitet werden. Denn Geschichten wurden nicht in Elfenbeintürmen wissensdurstiger Menschen erfunden, sondern durch ein von der Evolution gutgeheißenem System entwickelt, das seit jeher nach den Prinzipien »Versuch und Irrtum« sowie »Ändern, nur wenn nötig« handelt. Daher kümmern sich diese Regeln auch nicht um persönliche Geschmacksfragen. Zumal sie ja für individuelle Varianten genügend Spielraum bieten.

Ob eine Geschichte gut ist oder nicht, entscheidet nicht ihr Verfasser, sondern das Publikum.

König Schahriyar war von den Erzählungen Scharahsads so begeistert, dass er seine gewohnten Verhaltensmuster änderte, um die Fortsetzung zu hören. Nicht weil er nach Wahrheiten dürstete, sondern weil er etwas vernehmen wollte, an das er glauben konnte und wollte. Allerdings sollten wir bedenken, dass die Geschichten von Scharahsad ihre Wirkung auch deshalb entfalten konnten, weil sie durch mündliche Überlieferung immer wieder verbessert wurden. Diese Möglichkeit steht uns nicht offen. Aber wir können genau hinschauen, was guten Geschichten gemeinsam ist, und das Gesehene selber anwenden. Auf diesem Prinzip beruht der Crashkurs, den

Sie soeben mit Bravour absolviert haben. Ab jetzt können Sie auf ein System zugreifen, das Sie vor groben Fehlern bewahrt. Denn wie beim Schachspiel kennen Sie nun die einsetzbaren Figuren, deren Gewichtung und Einsatzmöglichkeiten sowie die erfolgreichsten Eröffnungszüge. Je nach Veranstaltungsort und Publikum liegt es dann an Ihnen, die passenden Varianten zu wählen.

Viel Vergnügen beim Finden und Erfinden guter Geschichten.

Dr. Werner T. Fuchs

Literaturverzeichnis

In Büchern werden Geschichten erzählt. Daher kann ein Literaturverzeichnis zum Thema Storytelling nur eine persönliche Auswahl sein. Meine orientiert sich an folgenden Kriterien:

- im Buch erwähnt, aber ohne Quellenangabe
- Autoren, die Theorien in Geschichten verpacken
- Ideengeber für Geschichten
- Aktualität
- Standardwerke
- Lieblingsbücher

Eine teilweise kommentierte Literaturliste mit diesen und weiteren Titeln steht dem Leser bei den digitalen Extras auf mybook.haufe.de zur Verfügung.

Andree, M.; Thomsen, T.: Atlas der digitalen Welt. Campus Verlag. Frankfurt am Main. 2020.

Ariely, D.: Denken nützt zwar, hilft aber nichts: Warum wir immer wieder unvernünftige Entscheidungen treffen. Droemer Verlag. München. 6. Aufl. 2015.

Bargh, J.: Vor dem Denken. Wie das Unbewusste uns steuert. Droemer Verlag. München. 2018.

Baron, A.; Splittgerber, K.: Helden der Kindheit. Aus Comics, Film und Fernsehen. Edition Büchergilde. Frankfurt am Main. 2013.

Baumann, M.; Fellmann, M. (Hrsg.): Gefühlte Wahrheit. Unser Leben in unterhaltsamen Diagrammen. Prestel Verlag. München 2016.

Berg-Ehlers, L.: Berühmte Kinderbuchautorinnen und ihre Heldinnen und Helden. Elisabeth Sandmann Verlag. München. 2017.

Berlin, K.; Grünlich, P.: Wovon wir einen Ohrwurm bekommen. Die Welt in überwiegend lustigen Grafiken. Wilhelm Heyne Verlag. München. 2017.

Bleher, Ch.; Linden, P.: Reportage und Feature. Herbert von Halem Verlag. Köln. 2015.

Birkigt, K.; Stadler, M.M.: Corporate Identity. Grundlagen, Funktionen, Fallbeispiele. Redline Wirtschaft. München. 2002.

Bonner, S.; Weiss, A.: Wir Kassettenkinder. Eine Liebeserklärung an die Achtziger. Knaur Verlag. München. 2016.

Brody, J.: Save the Cat! Writes a Novel: The Last Book On Novel Writing You'll Ever Need. Ten Speed Press. Berkeley. 2018.

Buether, A.: Die geheimnisvolle Macht der Farben. Wie sie unser Verhalten und Empfinden beeinflussen. Droemer Verlag. München. 2020.

Cialdini, R.B.: Die Psychologie des Überzeugens. Hogrefe Verlag. Bern. 8. Aufl. 2017.

Clark, R.P.: Die 50 Werkzeuge für gutes Schreiben. Handbuch für Autoren, Journalisten und Texter. Autorenhaus Verlag. Berlin. 2009.

Clemens, J.K.: Movies to Manage By. Lessons in Leadership from Great Films. New York: McGraw-Hill Books. New York. 2000.

Craughwell, T.J.: O Himmel hilf! 300 himmlische Verbündete für Architekten, Blogger, Krankenschwestern, Taxifahrer, Schauspielerinnen, Teenager, Unverheiratete, Vegetarier … und dich! Pattloch Verlag. München. 2013.

Danz, G.: Neu präsentieren. Begeistern und überzeugen mit den Erfolgsmethoden der Werbung. Campus Verlag. Frankfurt am Main. 2. Aufl. 2014.

Denning, S.: The Leader's Guide to Storytelling. John Wiley & Sons. San Francisco. 2. Aufl. 2011.

Dommermuth-Gudrich, G.: 50 Klassiker Mythen. Die großen Mythen der griechischen Antike. Anaconda Verlag. Köln. 2016.

Dudenredaktion (Hrsg.): Bildwörterbuch der deutschen Sprache. Dudenverlag. Mannheim. 6. Aufl. 2005.

Eco, U.: Die unendliche Liste. dtv Verlagsgesellschaft. München. 2011.

Ehrensberger, J.: Erzählen. hep Verlag. Bern. 2020.

Eick, D.: Digitales Erzählen. Die Dramaturgie der Neuen Medien. Herbert von Halem Verlag. Köln. 2014.

Eller, E.; Lermer, E.; Streicher, B.; Sachs, R.: »Emerging Risk Discussion Paper: Psychologische Einflüsse auf die individuelle Einschätzung von Risiken« 2013. Siehe: https://www.researchgate.net/publication/327578841_Emerging_Risk_Discussion_Paper_Psychologische_Einflusse_auf_die_individuelle_Einschatzung_von_Risiken.

Ericsson, K.A.; Pool, R.: Top. Die neue Wissenschaft vom bewussten Lernen. Pattloch Verlag. München. 2016.

Feynman, R.P.: Sie belieben wohl zu scherzen, Mr. Feynman. Abenteuer eines neugierigen Physikers. Piper Verlag. München. 3. Aufl. 2018.

Filser, H.: Menschen brauchen Monster. Alles über gruselige Gestalten und das Dunkle in uns. Piper Verlag. München. 2017.

Fog, K.; Budtz. Ch.; Yakaboylu, B.: Storytelling. Branding on Practice. Springer-Verlag. Berlin. 2005.

Friedmann, J.: Storytelling. Einführung in Theorie und Praxis narrativer Gestaltung. UTB. Stuttgart. 2019.

Fuchs, W.T.: Warum das Gehirn Geschichten liebt. Storytelling – analog und digital. Haufe-Lexware. Freiburg. 4. Aufl. 2018.

Fuchs, W.T.: Neurobranding und die Wissenschaft. In: Briesemeister, B. (Hrsg.): Die Neuroperspektive. Neurowissenschaftliche Antworten auf die wichtigsten Marketingfragen, Haufe-Lexware. Freiburg. 2016.

Fuchs, W.T.: Wie hirngerechte Marketing-Geschichten aussehen. In: Häusel, H.-G.: Neuromarketing. Haufe-Lexware. Freiburg. 4. Aufl. 2019.

Fuchs, W.T.: Wie wir zu guten Geschichtenerzählern werden. In: Herbst, D.: Storytelling. UVK Verlagsgesellschaft. Konstanz. 3. Aufl. 2014.

Fuchs, W.T.: Neurowissenschaften und Storytelling. In: Anlanger, R.; Engel, W.A.: Trojanisches Marketing II. Mit unkonventionellen Methoden und kleinen Budgets zum Erfolg. Haufe-Lexware. Freiburg 2013.

Fuchs, W.T.: Storytelling. Wer die beste Geschichte erzählt, hat gewonnen. In: Wendt, G. (Hrsg.): Aktuelle Ansätze im Marketing. 11 Trends für die Praxis im Überblick. Cornelsen Verlag. Berlin. 2012.

Fuchs, W.T.: Storytelling und Mundpropaganda. In: Schüller A. M.; Schwarz, T.: Leitfaden WOM-Marketing. Online & offline neue Kunden gewinnen durch Social Media Marketing, Viral Marketing, Advocating und Buzz. Marketing-Börse GmbH. Waghäusel. 2010.

Gebele, N.: Märchen, Mythen, Netflix. Zum Arbeiten mit populären Narrativen in der Psychotherapie. Psychosozial-Verlag. Gießen. 2021.

Gerlach, A.; Pop, Ch. (Hrsg.): Filmräume – Leinwandträume. Psychoanalytische Filminterpretationen. Psychosozial-Verlag. Gießen. 2012.

Gormász, K.: Walter White & Co. Die neuen Heldenfiguren in amerikanischen Fernsehserien. Herbert von Halem Verlag. Köln. 2015.

Gottschall, J.: The Storytelling Animal. How Stories Make Us Human. Mariner Books. New York. 2013.

Gruteser, M.; Klein, Th.; Rauscher, A. (Hrsg.): Subversion zur Prime-Time. Die Simpsons und die Mythen der Gesellschaft. Schüren Verlag. Marburg. 3. Aufl. 2014.

Hamburger, A.: Filmpsychoanalyse. Das Unbewusste im Kino – das Kino im Unbewussten. Psychosozial-Verlag. Gießen. 2018.

Hamel, M.; Hamel, M.: Visual Selling. Das Arbeitsbuch für Live Visualisierungen im Kundengespräch. Wiley Verlag. Weinheim. 2016.

Hammerschmidt, D.: Das Podcast-Buch. Strategie, Technik, Tipps – mit Fokus auf Corporate-Podcasts von Unternehmen & Organisationen. Haufe-Lexware. Freiburg. 2020.

Hars, W.: Lurchi, Klementine & Co. Unsere Reklamehelden und ihre Geschichten. Fischer Taschenbuch. Berlin. 2015.

Häusel, H.-G.; Henzel, H.: Buyer Personas. Wie man seine Zielgruppe erkennt und begeistert. Haufe-Lexware. Freiburg. 2018.

Häusel, H.-G.: Brain View. Warum Kunden kaufen. Haufe-Lexware. Freiburg. 4. Aufl. 2016.

Häusel, H.-G.: Think Limbic. Die Macht des Unbewussten verstehen und nutzen für Management und Verkauf. Haufe-Lexware. Freiburg 6. Aufl. 2019.

Häusel, H.-G.: Emotional Boosting. Die hohe Kunst der Kaufverführung. Haufe-Lexware. Freiburg. 3. Aufl. 2019.

Heering, K.-J.; Müller, J.: 111 Gründe, das Böse zu lieben. Von Schurken, Scheusalen und Dämonen. Schwarzkopf & Schwarzkopf Verlag. Berlin. 2014.

Hesley, J.W.; Hesley, J.G.: Rent Two Films and Let's Talk in the Morning. John Wiley & Sons. San Francisco. 2001.

Hoersch, T. (Hrsg): Bravo. 1956-2006: 50 Jahre Jugendkultur. Collection Rolf Heyne. München. 2006.

Hoffmann, K.: Markenbotschafter – Erfolg mit Corporate Influencern. Haufe-Lexware. Freiburg. 2020.

Hofmann, N.; Raab, K.: Ein Kult für alle Fälle. Die ultimativen Serien der Achtziger. Suhrkamp Taschenbuch Verlag. Berlin. 2013.

Hoppe, G.; Uhlenbrock.: Rivalen, die es (so) nicht mehr gibt. Leidenschaftliche Duelle unserer Jugend. Prestel Verlag. München. 2016.

Initiative Deutsche Sprache (Hrsg.): Der schönste erste Satz. Hueber Verlag. Ismaning. 2008.

Kahneman, D.: Schnelles Denken, langsames Denken. Penguin Verlag. München. 2016.

Kallas, Ch.: Kreatives Drehbuchschreiben. Herbert von Halem Verlag. Köln. 2. Aufl. 2012.

Karlan, D.; Lazar, A.; Salter, J.: Die 101 einflussreichsten Personen, die es nie gab. Wie Barbie, James Bond und Hamlet uns verändert haben. Verlagsgruppe Lübbe. Bergisch Gladbach. 2. Aufl. 2008.

Karmasin, H.: Verpackung ist Verführung. Die Entschlüsselung des Packungscodes. Haufe-Lexware. Freiburg. 2015.

Karmasin, H.: Produkte als Botschaften. Redline Wirtschaftsverlag. Frankfurt am Main. 2007.

Kean, Ch.: Schritt für Schritt zum erfolgreichen Drehbuch. Autorenhaus Verlag. Berlin. 3. Aufl. 2013.

Klanten, R.; Ehmann, S.: Visual Storytelling. Inspiring a New Visual Language. Gestalten Verlag. Berlin. 2011.

Klein, G.: Natürliche Entscheidungsprozesse. Über die »Quellen der Macht«, die unsere Entscheidungen lenken. Junfermann Verlag. Paderborn. 2002.

Kohlmaier, R.: Frauen 70+ Cool. Rebellisch. Weise. Elisabeth Sandmann Verlag. München. 2020.

Könneker, C.: Wissenschaft kommunizieren. Ein Handbuch mit vielen Beispielen. Verlag Spektrum der Wissenschaft. Heidelberg. 2012.

Kramer, M.: Telling True Stories: A Nonfiction Writers' Guide from the Nieman Foundation at Harvard University. Penguin Group. New York. 2012.

Lampert, M.; Wespe, R.: Storytelling für Journalisten. Herbert von Halem Verlag. Köln. 5. Aufl. 2020.

Lawrence, S.: Atlas der Heldinnen und Helden. Legendäre Figuren aus Märchen, Sagen und Mythen. Prestel Verlag. München. 2020.

Lee, M.: Kick-Ass Women. 52 wahre Heldinnen. Suhrkamp Verlag. Berlin. 2019.

Leis, M.: Kreatives Schreiben. 111 Übungen. Reclams Universal Bibliothek. Stuttgart. 2019.

Lochner, D.: Storytelling in virtuellen Welten. Herbert von Halem Verlag. Köln. 2014.

Malak, Y.: Erfolgreich Radio machen. Herbert von Halem Verlag. Köln. 2015.

Mattenberger, M.M.: Brandtelling. Storytelling, das Marken und Menschen verbindet. Campus Verlag. Frankfurt am Main. 2021.

McKee, R.: Story. Die Prinzipien des Drehbuchschreibens. Alexander Verlag. Berlin. 7. Aufl. 2011.

Mertens, Ch.; Werner, B.: So bekommen Sie Ihr Drehbuch in den Griff. Herbert von Halem Verlag. Köln. 2016.

Miller, C.H.: Digital Storytelling. A Creator's Guide to Interactive Entertainment. Focal Press. Third Edition. Burlington. 2014.

Mikunda, C.: Marketing spüren. Willkommen am Dritten Ort. Redline Wirtschaftsverlag. Frankfurt am Main. 4. Aufl. 2015.

Mikunda, C.: Der verbotene Ort oder Die inszenierte Verführung. Unwiderstehliches Marketing durch strategische Dramaturgie. mi-Wirtschaftsbuch, Münchner Verlagsgruppe. München. 3. Aufl. 2011.

Montague T.: True Story: How to Combine Story and Action to Transform Your Business. Harvard Business Review Press. Boston. 2013.

Mosleh, N.: Drehbuchschreiben. Das Geheimnis glaubwürdiger Charaktere und fesselnder Geschichten. Herbert von Halem Verlag. Köln. 2013.

Mossner, Chr.; Forster, L.; Mannes, J.: Video-Storytelling. Eine praxisorientierte Anleitung für innovative Unternehmen. vdf Hochschulverlag. Zürich. 2018.

Müller, J. (Hrsg.): Die besten TV-Serien. Von Twin Peaks bis House of Cards. Taschen Verlag. Köln. 2015.

Müller, J.: 100 Filmklassiker des 20. Jahrhunderts. Taschen Verlag. Köln. 2018.

Ohne Verfasser: Petticoat, Dauerwelle, Schulterposter: Mit freundin auf Retro-Reise. Prestel Verlag. München. 2018.

Ott, C.: Tausendundeine Nacht. dtv Verlagsgesellschaft. München. 2018.

Pearson, C.: Awakening the Heroes Within: Twelve Archetypes to Help Us Find Ourselves and Transform the World. HarperOne. New York. 2015.

Pearson, C.; Mark, M.: The Hero and the Outlaw. Building Extraordinary Brands Through the Power of Archetypes. McGraw-Hill. New York. 2001.

Pearson, C.: The Hero Within. Six Archetypes We Live By. HarperOne. New York. 2015.

Piegler, Th. (Hrsg.): Ich sehe, was du nicht siehst. Psychoanalytische Filminterpretationen. Psychosozial-Verlag. Gießen. 2010.

Piegler, Th. (Hrsg.): Mit Freud ins Kino. Psychoanalytische Filminterpretationen. Psychosozial-Verlag. Gießen. 2008.

Poscheschnik, G. (Hrsg.): Suchtfaktor Serie. Psychosozial-Verlag. Gießen. 2020.

Queneau, R.: Stilübungen. Suhrkamp Verlag. Berlin. 2016.

Reiter, M.: Überschrift, Vorspann, Bildunterschrift. Herbert von Halem Verlag. Köln. 2. Aufl. 2009.

Rendgen, S.; Wiedemann, J.: Understanding the World. The Atlas of Infographics. Taschen Verlag. Köln. 2021.

Rettig, D.: Die guten alten Zeiten. Warum Nostalgie uns glücklich macht. Deutscher Taschenbuch Verlag. München. 2013.

Riekel, P. (Hrsg.): BUNTE Republik Deutschland. 70 Jahre in bester Gesellschaft. Prestel Verlag. München. 2017.

Roth, G.: Persönlichkeit, Entscheidung und Verhalten. Klett-Cotta Verlag. Stuttgart. 13. Aufl. 2019.

Rupp, M.: Storytelling für Unternehmen. Mit Geschichten zum Erfolg in Content Marketing, PR, Social Media, Employer Branding und Leadership. mitp Verlag. Frechen. 2016.

Sachs, J.: Winning the Story Wars. Harvard Business Review Press. Boston. 2012.

Sammer, P.: Storytelling. Strategien und Best Practices für PR und Marketing. O'Reilly Verlag. Köln. 2. Aufl. 2017.

Sandmann, E.: Heldinnen. 45 Vorbilder fürs Leben. Elisabeth Sandmann Verlag. München. 2013.

Schmidt, V.L.: 45 Master Characters. Mythic Models for Creating Original Characters. Writer's Digest Books. Cincinnati. 3. Aufl. 2012.

Schneider, S.J.: 1001 Filme: Die Sie sehen sollten, bevor das Leben vorbei ist. Edition Olms. Zürich. 12. Aufl. 2019.

Schütte, O.: Schau mir in die Augen Kleines. Die Kunst der Dialoggestaltung. Herbert von Halem Verlag. Köln. 3. Aufl. 2016.

Seger, L.: Von der Figur zum Charakter. Überzeugende Filmcharaktere erschaffen. Alexander Verlag. Berlin. 2012.

Seger, L.: Das Geheimnis guter Drehbücher. Alexander Verlag. Berlin. 2012.

Spitzer, M.: Lernen. Gehirnforschung und die Schule des Lebens. Spektrum Akademischer Verlag. Berlin. 2007.

Stoklossa, U.: Blicktricks. Anleitung zum visuellen Verführen. Verlag Hermann Schmidt. Mainz. 2005.

Thaler, R.: Misbehaving. Was uns Verhaltensökonomik über unsere Entscheidungen verrät. Siedler Verlag. München. 2. Aufl. 2018.

Tobias, R.: 20 Master Plots. Die Basis des Story-Building in Roman und Film. Autorenhaus Verlag. Berlin. 2016.

Thompson, R.J.: Television's Second Golden Age. From Hill Street Blues to ER. Syracuse University Press. New York. 1997.

Uphoff, I.K.; Von Velsen, N.: Schaubilder und Schulkarten. Von Bildern lernen im Klassenzimmer. Prestel Verlag. München. 2018.

Vaynerchuk, G.: Storytelling in sozialen Medien. So landen Unternehmen im Kampf um Kunden gezielte Treffer mit Facebook, Twitter, Snapchat & Co. Börsenmedien AG. Kulmbach. 2017.

Vogler, Ch.: Die Odyssee der Drehbuchschreiber, Romanautoren und Schriftsteller. Autorenhaus Verlag. Berlin. 2018.

Vonaesch, F.; Peter, M.K.: Storytelling für KMU. Im Web auf sich und seine Produkte aufmerksam machen. Beobachter-Edition. Zürich. 2019.

Wedding, D.: Psyche im Kino. Wie Filme uns helfen, psychische Störungen zu verstehen. Hogrefe. Bern. 2011.

Weinberg, T.: Social Media Marketing. Strategien für Twitter, Facebook & Co. O'Reilley Verlag. Köln. 4. Aufl. 2014.

Winkler, P.: Storytelling for Dummies. Verlag Wiley-VCH. Weinheim. 2019.

Zaltman, G.: Marketing Metaphoria. What Deep Metaphors Reveal about the Minds of Consumers. Harvard Business Press. Boston. 2008.

Zinsser, W.: Nonfiction schreiben. Reisebericht, Biografie, Kritik, Business, Fach- und Sachbuch, Kritik, Wissenschaft und Technik. Autorenhaus Verlag. Berlin. 2007.

Stichwortverzeichnis

Der Autor

Dr. Werner T. Fuchs, Marketing- und Werbeexperte
ist Inhaber einer Marketingagentur. Zu seinen Kunden gehören Unternehmen verschiedenster Branchen und Größen, die dem Storytelling und Neuromarketing gegenüber offen eingestellt sind. Er beschäftigt sich seit über drei Jahrzehnten intensiv mit Hirnforschung. Zu den Pionieren im Storytelling zählend, vermittelt er die Kunst des Geschichtenerzählens auch als Dozent und Referent. Vier verschiedene Lebensläufe finden sich auf seiner Webseite https://www.propeller.ch.

Mit digitalen Extras:

Exklusiv für Buchkäufer!

Ihre Arbeitshilfen zum Download:

▶ **http://mybook.haufe.de/**

▶ **Buchcode:** HXQ-8434

PI13786817

9825603